07 수학 교사를 위한 지침서
대한수학교육학회 번역시리즈

Developing Essential Understanding of
Addition & Subtraction
for Teaching Mathematics

덧셈과 뺄셈의 필수 이해

장혜원 · 이화영 · 임미인 옮김

idea

NCTM
NATIONAL COUNCIL OF TEACHERS OF MATHEMATICS

KYOWOOSA 교우사

Developing essential understanding of
addition and subtraction
for teaching mathematics in Pre-K-2
(ISBN 978-0873536646)]

역자 서문

수학을 왜 가르치고 배워야 하는가에 대한 답변은 시대의 변화에 따라 달라질 것이다. 세계는 지식기반정보화 사회, 즉 3차 산업혁명 시대를 넘어 기계와 제품의 지능화와 사물인터넷으로 요약할 수 있는 4차 산업혁명 시대에 접어들었다. 이러한 변화 속에서 수학교육은 어떤 모습이어야 하는가에 대한 고민이 필요하다.

이 책은 NCTM의 「필수 이해 시리즈(Essential Understanding Series)」를 대한수학교육학회의 주관 하에 번역한 것 중 한 권으로, 위의 문제에 대한 직접적인 답을 주지는 못하지만 시의적절하게 우리나라의 수학교육을 반성할 기회와 제언을 제공할 수 있을 것이다. 교육과정을 수학 수업으로 실행하는 주체이자 교수학습 활동의 전문가인 교사의 역할에 대한 강조는 수학교육의 세계적인 추세이다. 교사 전문성을 개발하기 위한 여러 방면의 연구가 진행 중이다. 「필수 이해 시리즈」는 수학 수업의 주체인 교사가 학생들을 지도할 때 참고할 수 있는 특정 수학 주제에 대한 자료이다.

이 책은 「필수 이해 시리즈」 중 덧셈과 뺄셈 학습의 초기인 유아유치원부터 초등학교 2학년 학생들의 덧셈과 뺄셈에 대한 필수 이해를 다루고 있다. 덧셈과 뺄셈은 수학 학습의 기초로서 앞서 배운 수 개념을 토대로 그에 대한 첫 연산이라는 점에서 매우 기초적인 학교 수학의 내용 요소이다. 덧셈과 뺄셈은 직결되는 곱셈과 나눗셈 발달을 비롯하여 학교수학 전반에 걸쳐 연계되는 기본 연산에 해당하는 만큼 그 중요성은 누구나 공감하는 바이다.

수학교육적 관점에 따라 덧셈과 뺄셈을 지도하는 접근 방식에 있어 차이가 있을 수 있다. 오늘날 학생이 수업 이전의 개인적 경험으로부터 출발하여 수학 학습이 이루어져야 한다는 관점과 연산의 기능 또는 절차적 측면뿐만 아니라 의미를 강조해야 한다는 관점에서 덧셈과 뺄셈 지도와 관련하여 두 가지만 언급하고자 한다.

첫째, 학생들은 교사로부터 덧셈과 뺄셈의 의미와 식으로의 표현 및 계산 방법을 형식적 지식으로 배우기 이전에 이미 개인적인 일상 경험으로부터 덧셈과 뺄셈에 대한 비형식적 지식을 지니고 있다. 의미 있는 지도는 양자 간을 어떻게 연결해줄 수 있는가, 즉 후자를 전자의 출발점으로 삼는 것이다. 구체물이나 시각적 표현을 놓고 모두 세기나 이어 세기와 같은 활동을 하는 것이나 모으기와 가르기와 같은 활동을 독려하는 것은 이러한 맥락에서 의도되는 비형식적 학습 경험으로 역할 할 수 있다.

둘째, 덧셈식과 뺄셈식의 계산과 별개로 덧셈과 뺄셈을 구현하는 다양한 상황을 경험시킬 필요가 있다. 예컨대 본문에서 활동이라고 표현된 대상의 움직임 여부에 따라 덧셈과 뺄셈은부분-전체 또는 첨가와 제거의 상황으로 구별된다. 이에 뺄셈은 비교의 상황까지 추가된다. 식으로는 같게 표현 가능하지만 상황과 맥락을 달리하여 제시될 수 있는 것이다. 이와 같은 차이를 학생들이 구별해야 한다는 것이 아니다. 이 구별의 앎은 전적으로 교사의 몫이다. 교사는 학생들에게 덧셈과 뺄셈 상황을 제공할 때 이들을 다양하게 제시해줌으로써 학생들은 어떤 상황이 주어지더라도 그에 적합한 연산을 선택하여 표현할 수 있으면 된다.

이 책에서 주장하는 핵심 아이디어나 필수 이해는 앞서 말한 접근 방식과 같은 맥락에 있다고 보인다. 이 책은 덧셈과 뺄셈에 대한 핵심 아이디어와 필수 이해를 다루기 위해 도입부에 이어 총 3개의 장으로 구성되어 있다. 1장에서는 덧셈과 뺄셈에 관한 핵심 아이디어와 필수 이해를 제시하고 있다. 각각의 아이디어 자체뿐만 아니라 아이디어 간의 연결에 대해 생각해 보고, 생각해보기 질문에 대해 숙고하면서 덧셈과 뺄셈에 대한 여러분의 이해를 보완하고 강화할 수 있다. 2장은 덧셈과 뺄셈에 관한 아이디어가 학생들이 이미 직면했거나 이후에 직면하게 될 수학에 어떻게 연결되는지 이해할 수 있는 기회를 제공하고 있다. 마지막으로 3장에서는 덧셈과 뺄셈에 관련된 교수, 학습 및 평가에 대해 제시하고 있다.

역자들은 이 책의 내용을 가감 없이 그대로 전달하고자 하였다. 이 책에 담긴 필수 이해와 그것을 예시하는 다양한 사례를 통해 초등학생에게 덧셈과 뺄셈을 의미 충실하게 지도하기 위한 교사 전문성이 구체화될 수 있기를 기대한다. 또한 급격한 변화 속에서 학교 수학에서 다루어야 할 것이 무엇인가에 대한 고민에 도움이 되길 바란다. 이 책의 출판을 위해 노력해주신 교우사 여러분께 깊은 감사의 뜻을 전하는 바이다.

2016. 10.
역자 일동

- 차례 -

서문

유아·유치원(prekindergarten)~12학년까지의 수학을 가르치기 위해서는 수학에 대한 특별한 이해가 필요합니다. 유능한 수학 교사들은 설명법을 찾고, 수학 안과 밖의 주제들 간의 내용을 접목시키면서 자신들이 가르쳐야 하는 내용 자체뿐만 아니라 그 이상을 생각합니다. 가르치는 주제에 대하여 학생들에게 어떤 수학이 중요한지 아는 교사들을 만날 때, 학생들은 교육과정과 학업 성취에 대한 기대치를 더 잘 충족할 수 있게 됩니다.

미국수학교사협의회(NCTM)가 출간한 「필수 이해 시리즈(Essential Understanding Series)」는 2006년에 출판된 「유아·유치원에서 8학년까지의 수학을 위한 교육과정 초점 사항 : 일관성을 위한 요구(Curriculum Focal Points for Prekindergarten through Grade 8 Mathematics : A Quest for Coherence)」와 2009년에 발간한 「고등학교 수학의 초점 : 추론과 이해(Focus in High School Mathematics : Reasoning and Sense Making)」의 정신에 따라 학교수학 교육과정에 집중하였습니다. 「필수 이해 시리즈」는 학생들을 가르칠 때 도움이 될 수 있도록, 특정 수학 주제에 대하여 개인의 지식을 넓히고 질을 향상시키기 위해 수학적으로 사고하고 싶은 교사와 동료를 위한 자료입니다. 각 책의 주제는 학생들은 배우기 어렵고, 교사는 가르치기 힘들며, 학생들이 학습자로서의 성공과 그들의 미래의 삶과 진로에 매우 중요한 역할을 할 수 있는 수학적 영역을 다루고 있습니다.

교사로서, 연구자로서 그리고 수학자로서의 자신들의 경험에 기반을 두고 저자들은 각 책의 주제에 중심이 되는 핵심 아이디어를 설명하고 있습니다. 필수 이해—주제의 본질을 포착하는 수학적 관점—가 모여서 각각의 핵심 아이디어를 이룹니다. 종합적으로, 핵심 아이디어와 필수 이해는 집중적이고 연결되며 유용한 수학적 관점을 교사들에게 제공합니다. 학생들이 학교수학에서 선수 학습이나 후속 학습으로 배우게 되는 주제를 교수 및 평가와 연결시켜 주는 것은 교사의 수학에 대한 필수 이해의 관련성과 중요성을 설명해 줍니다.

이 시리즈를 만들 수 있게 도와준 모든 사람들에게 이사회를 대신하여 진심으로 감사를 표합니다. 특별히 시리즈의 편집자로서 리더십을 발휘한 Rose Mary Zbiek에게 감사의 뜻을 전합니다. 필수 이해 프로젝트팀과 함께 이 책들을 접하는 여러분을 환영하며, 여러분들이 앞으로도 수학을 배우고 가르치는 것에 대하여 오랫동안 즐길 수 있기를 바랍니다.

Henry Kepner
회장, 2008-2010
미국수학교사협의회

머리말

유아·유치원~12학년까지, 수학과 교육과정은 학생들의 발달에 중심이 되는 중요한 주제들을 포함하고 있다. 이 주제들을 이해한 학생들은 새로운 수학 분야로 자연스럽게 넘어가며 자신감을 가지고 계속 발전해 가게 된다.

그러나 이 주제들 중 많은 부분은 전통적으로 배우거나 가르치기가 어려웠으며, 학생들의 발달을 점검하기 위한 문지기로서의 역할을 하기보다는 장애물 역할을 하는 것으로 증명되었다. 이러한 주제들에 대하여 기초를 단단히 다지지 못한 학생들은 수학이나 관련된 교과목에서 후속 학습을 할 때 대개 가속도를 내지 못하고 활동을 해 나가는 데 어려움을 겪는다.

「필수 이해 시리즈」는 모든 단계에서 이런 주제들을 분석했다. 학생들에게 이런 주제들을 가르치는 교사들은 학생들이 수학적 성취를 이루는 데 중요한 역할을 한다. 이 시리즈의 각 책은 여러분처럼 단지 유능함을 넘어서 교실에서 훌륭한 교사가 되고 싶은 사람들에게 학생들이 꾸준히 수학적으로 발달할 수 있도록 한 가지 또는 더 많은 주제들에 대하여 이해를 풍부히 할 수 있도록 돕는다.

얼마나 알아야 하는가?

이러한 어려운 주제들을 효과적으로 가르치기 위해서는 폭넓고 깊은 수학적 이해에 관심을 가져야 한다. 그런데 어려운 것은 학생들이 알고 배워야 할 것이라고 기대하는 것 이상으로 교사는 그 주제들에 대해 더 많이 알아야 한다는 것이다.

왜 그렇게 광범위한 지식이 필요한 것인가? 왜 가르쳐야 하는지에 대한 것과 학생들이 알아야하는 것 이상의 지식이여야 하는가? 이 질문에 대한 답은 많은 요소로 설명할 수 있다.

학생들에게 성공적인 학습경험이 되도록 계획하기 위해서는 다양한 모델들과 표현을 이해해야 하며, 어떠한 경우에는 교육과정을 평가하고 수업을 계획하면서 여러 기술들을 익혀야 할 때도 있다. 교사는 과제들을 선택하고 실행하면서 무엇을 강조해야하는지 알아야 하며 그것들이 수학적으로 왜 중요한지도 알아야한다.

교사는 수업하면서 학생들이 당혹해 할 것을 예상해야 하고, 학생들이 그러한 함정을 피해갈 수 있도록 도와줘야 하며, 오개념을 인지하고 바로 잡아야 한다. 또한 예측하지 못한 수업 상황들을 활용하여 다양한 수학 주제들을 연계하여야 한다. 만약 평가에서 학생들이 수업에서 다룬 내용을 잘 이해하지 못한 것으로 나타난다면, 학생들이 이해하지 못한 부분을 어떻게 설명할 것인지 알아야 한다. 한번에 알아듣지 못하는 학생들을 위해 다양한 방법으로 수학을 묘사하도록 다양한 방면에 대해 충분히 이해해야 한다. 또한, 전체 수학 교육과정에 비추어 그 주제가 어디에 연계되는지 알아야 한다. 그리고 학생들의 생각이 어디에서부터 오며, 추후 학습에서는 학생들이 수학적으로 어디로 향해 나아갈지도 알아야 한다.

이러한 일들을 수학적으로 수행하는 것이 무리한 요구로 들릴 수도 있다. 그러나 교사가 폭넓게 수학적으로 이해해야 학생들을 잘 인도하고 학생들이 순조롭게 학습할 수 있도록 다양하게 지도할 수 있게 된다.

「필수 이해 시리즈」가 어떤 도움이 되는가?

「필수 이해 시리즈」는 여러분이 지도하는 내용에 대한 지식을 강화시키도록 수학에 대하여 철저히 점검할 수 있는 기회를 제공한다. 이 책들은 학생들에게 사용할 수 있는 자료를 직접적으로 제공하지도 않을 뿐더러, 학급 관리나 가르치는 방식, 또는 평가 기법들을 다루지도 않는다. 그 대신 이 책들은 수학적 내용에 관한 주제들, 즉 수업을 준비할 때 필요한 아이디어와 이해, 수업 지도, 학생들과의 일대일 상호작용, 그리고 평가에 대해 집중적으로 다룬다.

저자들이 주제에 어떻게 접근하고 있는가?

저자들은 각 주제에 대해 "핵심 아이디어(big ideas)"와 "필수 이해(essential understandings)"로 구분하고 있다. 핵심 아이디어는 하나의 수학적인 주제에 중심이 되고 비교적 작으면서 많은 수학적 아이디어들을 묶어 일관성 있게 하나로 연결하는 광범위한 개념의 중요한 수학적 진술이다. 이 책에서 각각의 핵심 아이디어들과 관련된 비교적 작고 구체적인 주제들을 필수 이해라고 부른다. 저자들은 핵심 아이디어들의 특징적인 측면들을 부각하고 이에 대한 풍부한 증거를 제공한다.

핵심 아이디어들은 수학에 있어 매우 큰 가치를 가지고 있다. 서로 관련된 필수 이해들을 꾸준히 연구함으로써 매우 압축된 진술문의 힘과 가치를 느낄 수 있을 것이다. 다수의 이런 작은 개념들을 완벽히 이해하고 이를 통해 핵심 아이디어들에 접근하는 것은 여러분의 지적 자산과 수업의 가능성들을 상당히 증대시켜 줄 것이다.

교사의 역할 중의 하나로 수학적 아이디어를 연구하면서, 여러분은 아마도 이런 필수 이해들이 학생들에게 어려운 주제들 중 하나를 제시하기 위하여 교사에게 필요한 이해의 핵심이라는 것을 알아차렸을 것이다. 이런 필수 이해라는 수학적 조각들이 모여 핵심 아이디어를 구성하기 때문에 이를 잘 아는 것이 매우 중요하다.

이 책들은 어떻게 구성되어 있는가?

「필수 이해 시리즈」의 모든 책들은 같은 구조를 가지고 있다.

- 서론에서는 개요와 특정 주제들을 선정한 이유들을 설명하며, 교사들과 학생들이 알아야 하는 것의 몇 가지 차이점들을 강조한다.
- 1장은 이 책의 핵심이며, 핵심 아이디어들과 그에 관련된 필수 이해들을 구분하여 검토하였다.

- 2장에서는 1장에서 다룬 개념들을 각 학년에서 나오는 수학적 개념들이나 학생들이 선수나 후속으로 수학을 공부할 때 마주칠 다른 수학적 개념들과의 관련성을 고려하여 살펴본다.
- 3장에서는 개념들을 다루면서 나온 주제들에 관련된 필수적인 개념들을 이해하는 데 겪는 학생들의 어려움들을 다루는 것으로 마무리 짓는다. 그리고 학생들의 사고 발달을 분석하고, 학생들의 이해도를 평가하며, 그들에게 주제들을 제시할 수 있게 안내한다.

1장에는 핵심 아이디어들과 필수 이해들을 논의하는 가운데 "생각해보기"라고 분류된 질문들을 군데군데 넣었다. 읽으면서 잠시 멈춰 이것들에 대해 스스로 생각해 보거나 동료들과 논의해보는 것이 중요하다. 자료들에 이러한 방식으로 접근하는 것은 이 책을 읽는 경험을 참여적이고 상호적이며 역동적이게 할 수 있을 것이다.

생각해보기 질문들은 같은 지역 교사들이나 온라인상에 연결된 같은 학군의 교사들, 그리고 나아가 시 전체의 교사들과의 대화의 주제가 될 수 있을 것이다. 그러므로 이 생각해보기 질문들과 관련해서는 교사들이나 예비교사들이 개인이나 집단으로 대학 수업 혹은 그 이후에 공식적 또는 비공식적 경험을 위한 도구로써 이 책을 사용하는 경우가 더 많아지도록 할 것이다.

새로운 관점

「필수 이해 시리즈」는 교사에게 폭넓고 깊은 수학적 이해를 지원함으로써 학생들이 다양한 방법으로 도움을 받을 수 있게 하기 위한 것이다. 논의되는 수학과, 교육과정 상 학생들이 이전과 이후에 배우게 될 수학의 관련성을 고려함으로써 이 책은 흔치 않은 깊이와 학교수학의 수직적 연계성에 대한 통찰력을 제공한다.

이 시리즈는 「학교수학을 위한 원리와 규준(Principles and Standards for School Mathematics)」(NCTM, 2000), 「유아·유치원에서 8학년까지의 교육과정 초점 사항: 추론과 이해(Curriculum Focal Points for Prekindergarten through Grade 8 Mathematics: Reasoning and Sense Making)」(NCTM, 2009), 그리고 「내비게이션(Navigations) 시리즈」(NCTM, 2001-2009)의 배경과 대비하여 진술하고 있다. 이 새로운 책들은 내용-기반 교사의 전문성 발달의 기회를 제공하는 데 중요한 역할을 한다.

다른 출판물들은 차례차례 새로운 책에 살을 붙이고 질을 높이는 데 사용할 수 있다. 이 책을 읽은 후에, 예를 들어, 학생들이 「필수 이해 시리즈」에서 논의된 주제들에 대한 통찰력을 기르도록 직접적으로 할 수 있는 규준 기반 활동들을 내비게이션 시리즈에서 골라낼 수도 있을 것이다. 만약 유아·유치원에서 8학년까지를 가르친다면, 「교육과정 핵심 사항(Curriculum Focal Points)」에서 제시한 3가지 중점들을 이용해 여러분의 심층적인 이해를 접목시켜 제시할 자료를 가지고 학생들의 수준에 맞추어 안내할 수 있을 것이다. 그리고 9학년에서 12학년 학생들을 가르친다면, 「고등학교 수학에서 초점(Focus in High School Mathematics)」에 나와 있는 것처럼 여러분이 이해한 것을 이용하여 학생들이 수학적 증명이나 이해를 형성할 수 있는 방법들을 풍부하게 할 수도 있을 것이다.

질 높은 이해는 새로운 관점을 제공하며 가르치는 데 있어 새로운 에너지를 불어 넣는다. 우리는 여러분이 이 책을 읽으면서 습득한 이해가 학생들이 그들의 수학적 성공을 확신시켜 주는 주제들을 완벽히 이해하도록 돕는 것을 지원해줄 수 있기를 소망한다.

이 책의 이전 판을 검토해 준 Linda Coutts, Terry Crites, Corey Drake, Walter Seaman, Erica Guenther Steele의 사려깊은 조언에 감사를 표한다.

서론

이 책은 덧셈과 뺄셈(addition and subtraction)에 대한 아이디어에 초점을 맞추고 있다. 이러한 아이디어는 유아·유치원~2학년까지의 수학을 효과적으로 가르치기 위해 교사가 충분히 이해해야 하고 유연하게 사용할 수 있어야 하는 것이다. 이 책은 초등학교 교육과정에서 주로 다루는 여러 가지 수학적 아이디어에 대해 논의하며, 교사는 자신의 학생들이 학습할 수학을 깊이 있게 탐구하고 그 이상으로 확장하도록 스스로에게 동기를 부여한 다양한 수학 경험을 가지고 있다고 가정한다.

이 책은 교사가 이러한 아이디어에 참여할 수 있도록 설계되었고, 덧셈과 뺄셈의 복잡성을 반영하여 수업을 계획하고 실행하며 학생들의 학습을 평가하도록 이끄는 이해를 교사가 개발할 수 있도록 도와줄 것이다. 덧셈과 뺄셈에 관한 아이디어를 깊고 풍부하게 이해하는 것은 학생들이 학교수학의 경험 전반에 걸쳐 접하였고 앞으로도 지속적으로 접하게 될 수학에 이러한 아이디어가 어떻게 스며들어 있는지를 보여줌으로써, 그 영향력과 범위에 대해 학생들과 소통할 수 있도록 해 준다.

이러한 연구로부터 교사가 얻게 되는 덧셈과 뺄셈에 관한 이해는 「학교수학을 위한 원리와 규준」(NCTM, 2000)에 제시된 비전을 뒷받침한다. "모든 학생이 높은 수준의 흥미로운 수학 수업에 참여하는 교실, 학교 또는 학군을 상상하자(p.3)." 이 비전의 성취는 "전문가로 끊임없이 성장하고 있고(p.3)", 수학을 이해하며 학습하도록 도울 수 있는 의미 있는 경험에 학생을 일상적으로 참여시키는 교사에게 달려있다.

왜 덧셈과 뺄셈인가?

NCTM의 「필수 이해 시리즈」의 모든 책에 제시된 주제와 마찬가지로, 덧셈과 뺄셈은 학생의 학습에 있어서 대단히 중요하지만, 교사가 가르치기에는 도전적인 학교수학의 주요 영역이다. 유아·유치원~2학년까지의 학생들이 이후의 수학 학습에서 성공하기 위해서는 덧셈과 뺄셈을 잘 이해해야 한다. 학생들은 종종 덧셈과 뺄셈에 대한 아이디어와 관련해서 어려움을 겪는다. 예를 들어, 덧셈과 뺄셈은 어떤 관계가 있는가? 학생들은 알고리즘이 항상 성립할지 어떻게 아는가? 많은 학생들은 덧셈과 뺄셈이 동일한 성질을 지닌다고 잘못 알고 있으며, 종종 결합법칙이 덧셈과 뺄셈에서 모두 성립되는 것처럼 계산한다. 덧셈과 뺄셈은 중요한 반면 이해에 어려움이 따르므로, 유아·유치원~2학년까지의 교사들이 덧셈과 뺄셈에 대하여 잘 이해하는 것이 필수적이다.

유아·유치원~2학년까지의 교사는 그 자체로 복잡성을 지니는 덧셈과 뺄셈을 제대로 이해하는 것뿐만 아니라 덧셈과 뺄셈의 개념 및 성질이 현 수업에서 나아가, 해당 학년 및 이후 학습에서 만날 다른 수학적 아이디어와 어떻게 관련되는지도 알아야 한다. 덧셈과 뺄셈은 유아·유치원~2학년까지와 이후의 교육과정에서 다루어지는 많은 수학 개념의 기초가 되기 때문에 심도 있는 이해를 필요로 한다. 덧셈과 뺄셈에 대한 풍부한 이해는 다음과 관련한 교수학적 결정(instructional decisions)에 영향을 미칠 것이다.

- 수업을 위한 과제 선정
- 학생들에게 제공하는 핵심 질문의 개발
- 관련 수학 탐구를 위한 자료 선택
- 시간에 따른 주제와 아이디어의 배열
- 학생들의 활동 평가
- 학생들의 사고에 도전감을 주고 격려하는 방법 고안

이와 같은 체크리스트가 완전한 것은 아니지만, 교사에게 자기 평가나 안내 지침이 될 수는 있다. 교사가 이 책에서 다루는 특정 수학적 아이디어가 어떻게 학생과의 활동에 영향을 미칠 수 있는지 스스로에게 자문하게 될 때 이 책의 영향력은 극 대화될 것이며, "왜 덧셈과 뺄셈에 대한 필수 이해를 발전시켜야 하는가?"라는 질문에도 명확하게 답할 수 있을 것이다.

덧셈과 뺄셈 이해하기

교사가 수학을 가르치는 이유는 다른 사람들이 학교, 직장, 삶에서 성공하고 만족할 수 있는 방법으로 수학을 이해하기를 바라기 때문이다. 교사는 학생들이 덧셈과 뺄셈에 대해 탄탄하고 지속적인 이해를 갖도록 돕기 위해 수학을 깊이 있게 이해해야 한다. 그렇다면 덧셈과 뺄셈에 대해 깊이 이해한다는 것은 무엇을 의미하는가?

덧셈과 뺄셈 같은 수학 영역을 이해한다는 것이 어떠한 사실을 알고, 특정한 유형의 문제를 해결할 수 있으며, 관련된 용어에 능통하다는 것으로 생각하기 쉽다. 예를 들어, 초등학교 교사는 "범자연수에서 덧셈은 교환법칙이 성립한다."와 같은 사실을 알고 있을 것이다. 또 다단계의 문제를 푸는 데에서도 능숙할 것이다. 또한 교사는 *합, 차, 역, 수 구구, 자연수*와 같은 수학적 용어들을 알고 있을 것이다.

물론 수 구구, 용어 및 특정한 유형의 문제를 해결하기 위한 기능이 교사가 덧셈과 뺄셈에 관하여 알고 있을 것이라 기대하는 전부는 아니다. 예를 들어, 교사는 학생과의 활동에서 '모두 세기'와 '이어 세기' 사이의 차이 인식과 같이 덧셈과 뺄셈의 다양한 전략을 구별할 수도 있어야 한다.

유아·유치원~2학년까지의 모든 교사들이 덧셈과 뺄셈에 대해 알고 있어야 하고 가르쳐야 하는 수학적 아이디어의 매우 긴 목록에 초점을 맞추는 것은 쉽다. 교육과정 개발자들은 종종 그러한 목록을 개발하고 제시한다. 하지만, 개별적인 항목들이 중요할 수 있어도 이러한 목록들은 주제에 대한 풍부한 이해의 본질을 담아낼 수 없다. 덧셈과 뺄셈을 심도 있게 이해하기 위해서는 중요한 수학적 아이디어를 아는 것뿐만 아니라 어떻게 이러한 아이디어들이 서로 관련되는지 인식해야 한다. 예를 들어, 덧셈의 성질을 아는 것은 중요하다. 그러나 그것이 학생들이 만들어낸 알고리즘(예 : +9는 +10−1과 그 결과가 같다)과 그 일반화에 어떻게 적용되는지 파악하는 것 역시 중요하다. 교사의 이해는 새로운 아이디어를 수용하고 익숙한 아이디어를 새롭게 연결하는 경험과 기회를 통해 계속 성장해 나간다.

뿐만 아니라 덧셈과 뺄셈에 대한 교사의 이해는 학생에게 지도해야 할 내용을 뛰어넘어야 한다. 교사가 알아야 하는 것과 학생들이 학습하기를 기대하는 것 사이의 차이점 중 일부는 쉽게 설명할 수 있다. 예를 들어, 교사가 덧셈과 뺄셈의 성질이 이후에 배우게 될 곱셈과 나눗셈의 성질에 어떻게 연결되는지를 이해하면 이는 과제 선정 및 교사가 사용할 용어에 영향을 미칠 수 있다. 학생들로 하여금 (뺄셈이 아닌 덧셈에서) 교환법칙과 결합법칙이 성립하는 경우와 그 이유에 대해 탐구하게 하여 이를 기반으로 나중에 곱셈과 나눗셈으로 탐구를 확장시킬 수 있을 것이다.

교사가 알아야 하는 이해와 학생들이 학습하기를 기대하는 이해 사이의 또 다른 차이점은 덜 명확하지만, 교사는 교실에서 겪는 경험을 통해 그 차이점을 어느 정도 알게 된다. 예를 들어, 학생들은 보통 “제가 이런 식으로 해도 될까요?” 또는 “이것은 항상 성립하나요?” 또는 “이것은 저것과 같은가요?”라고 질문한다. 학생들은 자연스럽게 일반화나 연결성을 시도하는 것이다. 이러한 경우에 여러분은 덧셈과 뺄셈에 대해 이해하고 있었기 때문에 학생들의 예상치 못한 수학적 질문이나 주장에서 가치 있는 요소를 파악할 수 있었던 것에 감사했던 적이 몇 번인가? 또는 여러분이 지닌 지식에서의 간격으로 인해 좋은 기회를 놓칠 수도 있지 않을까 염려했던 것이 몇 번인가?

교사가 거의 확실히 알고 있듯이, 교실에서는 친숙한 수학을 알고 할 수 있는 것만으로는 충분하지 않다. 교사는 새로운 주장을 밝혀내고 정당화하거나 반박할 수 있어야 한다. 이러한 주장과 정당화를 하기 위해서는 학생의 수학 경험과 현행 교육과정의 기대수준을 능가하는 아이디어나 기법을 필요로 할 수도 있다. 예를 들어, 교사는 “두 자연수의 합은 더하는 두 수 중의 어느 것보다 크다."와 같이 이따금 야기되는 잘못된 주장을 반박하기 위해 6+0의 예를 들 수 있어야 한다. 또는 자연수의 뺄셈에서는 왜 덧셈과 달리 순서가 문제가 되는 것인지를 학생에게 설명할 필요도 있을 것이다.

핵심 아이디어와 필수 이해

덧셈과 뺄셈에 대한 이해를 풍부하게 해 주는 많은 특정한 아이디어에 대하여 생각하는 것은 부담스러운 과제일 수 있다. 그러한 수학적 아이디어 전부와 그 사이의 연결성을 설명하기 위해서는 여러 권의 책이 필요할 것이다. 저자들은 이 책에 어떤 아이디어를 포함시킬지 결정하기 위하여 핵심적인 질문을 고려했다. 효과적인 수업을 위해 유아·유치원~2학년까지 가르치는 교사들이 덧셈과 뺄셈에 대해 필수적으로 알아야 하는 것은 무엇인가? 이 질문에 대답하기 위하여 저자들은 다양한 자료를 수집했는데, 여기에는 수학 학습 및 교수에 관한 연구, 수학 및 수학교육 분야 동료들의 전문 지식, 검토위원 및 전문성 개발자의 반응, 교육과정 자료에서의 아이디어뿐만 아니라 개인적인 경험까지 포함된다.

그 결과, 이 책의 수학 내용은 덧셈과 뺄셈에 대해 교사들이 필수적으로 알아야 할 내용에 초점을 맞춘다. 특히 1장은 덧셈과 뺄셈에 관한 2가지 핵심 아이디어를 중심으로 정리되어 있다. 각각의 핵심 아이디어는 이 책에서 필수 이해라 부르는 더 작고, 보다 구체적인 수학적 아이디어에 의해 뒷받침된다.

교수, 학습, 평가를 위한 이점

덧셈과 뺄셈을 이해하는 것은 교사가 「학교수학을 위한 원리와 규준」(NCTM, 2000)에 명시된 교수 원리를 실행하는 데 도움이 된다. 이 원리는 수업을 위한 상위 규준을 정한다.

> 수학을 효과적으로 가르치려면, 학생들이 무엇을 알고 있으며 어떤 것을 학습할 필요가 있는지에 대해 이해하여야

> 하며 학생들이 수학을 잘 학습할 수 있도록 격려하고 뒷받침해야 한다(NCTM 2000, p.16).

수학에서 다른 중요한 주제를 가르치는 것과 마찬가지로, 덧셈과 뺄셈을 가르치기 위해서는 "일반적인 예비 교사 교육 과정에서 대부분의 교사들이 경험하는 것을 뛰어 넘는(p.17)" 지식이 필요하다.

1장은 이러한 관점에서 덧셈과 뺄셈에 대한 개요를 제공한다. 이는 이 주제에 관해 교사가 지금껏 접해왔을 여러 가지 논의보다 더욱 집중적이고 포괄적이다. 이 장은 교사의 이해를 보완하고 강화하기 위한 목적으로 덧셈과 뺄셈 및 그 성질에 관한 핵심 아이디어와 필수 이해를 열거하고 설명하며 그에 대한 예를 제공한다. 따라서 1장의 목적은 교사가 학생들에게 덧셈과 뺄셈을 탄탄하게 학습하게 하기 위해 필요한 지지와 도전을 제공하면서 교수 원리를 충분히 실행할 수 있도록 준비시키는 것이다.

이러한 방식으로 교사의 이해를 통합하는 것은 「학교수학을 위한 원리와 규준」에 드러난 학습 원리를 실행하도록 교사를 준비시키기도 한다.

> 학생들은 경험과 이전의 지식을 바탕으로 새로운 지식을 능동적으로 구성함으로써 수학을 이해하면서 학습해야 한다(NCTM, 2000, p.20).

학생들이 이러한 방식으로 덧셈과 뺄셈을 학습하도록 돕기 위한 교사의 노력을 지원하기 위하여, 2장은 핵심 아이디어와 필수 이해가 학생들이 학교에서 통상적으로 직면하는 수학과 연결되는 구체적인 방법을 보여줌으로써 1장에서 제시한 덧셈과 뺄셈에 대한 교사의 이해를 확장시킨다. 또한 이 장은 학생들이 덧셈과 뺄셈을 학습할 때 종적 연결성을 강조함으로써 학습 원리를 뒷받침한다. 예를 들어, 학생들의 수학적 경험이 확장됨에 따라 학생들은 자연수의 덧셈과 소수의 덧셈 사이의 연결성을 점차 이해하게 되고, 필요할 때 다양한 표현을 사용할 수 있게 된다.

1장과 2장에서 제시하는 이해는 교수의 또 다른 중요한 영역을 강화시킬 수 있다. 3장에서 이러한 영역을 다루는데, 1장과 2장을 기반으로 하여 학생의 덧셈과 뺄셈에 대한 이해를 평가하기 위하여 적절한 과제, 기술, 도구를 선정하고 개발하는 데 덧셈과 뺄셈에 대한 교사의 이해가 어떻게 도움이 되는지 보여준다. 덧셈과 뺄셈에 관한 핵심 아이디어와 필수 이해는 그 아이디어를 가지고 학생의 과거와 미래의 경험을 이해하면서 강화되고 교사로 하여금 교실에서 이루어지는 평가가 유의미한 수학 학습을 돕는다는 것을 확신하게 하는 데 도움이 될 수 있다.

그러한 평가는 「학교수학을 위한 원리와 규준」에 제시된 평가 원리의 첫째 조건을 만족시킨다.

> 평가는 중요한 수학의 학습을 뒷받침해야 하며 교사와 학생 모두에게 유용한 정보를 제공해야 한다(NCTM, 2000, p. 22).

또한 교사가 덧셈과 뺄셈을 이해함으로써 학생들이 생각하고 있는 것과 이해하는 것에 대한 구체적인 정보를 제공하는 평가 과제를 개발할 수 있게 하고, 이는 평가 원리의 둘째 조건을 만족시키는 데 도움이 될 수 있다. 예를 들어, 다음의 과제는 단일 과제임에도 불구하고 학생들이 등호의 의미와 등식의 의미에 대해 생각하게 할 만큼 도전적이다.

다음 □에 들어갈 수는 무엇이라고 생각하는가?

$$8 + 4 = \square + 5$$

이런 유형의 과제는 학생들의 사고를 촉진시키며 학습을 돕는 것보다 나은 방법을 위한 정보를 제공한다.

시작할 준비하기

서론은 1장에서 접하고 탐구하게 될 덧셈과 뺄셈에 관한 핵심 아이디어와 필수 이해에 교사를 준비시키면서 그 배경을 제시하였다. 각 장을 순서대로 읽는 것이 이 책에 접근하는 매우 유용한 방식이 될 것이다. 1장에서는 생각해보기 질문에 대해 시간을 할애하여 충분히 숙고하면서 한 번 이상 읽어보기를 권한다. 덧셈과 뺄셈에 관련된 핵심 아이디어와 필수 이해의 아이디어를 받아들인 후 이러한 아이디어 사이의 연결을 알아볼 수 있다. 그런 다음 새롭게 이해한 것이나 견고하게 이해된 것을 가지고 2장으로 넘어가면, 덧셈과 뺄셈에 관한 아이디어가 학생들이 학교에서 이전에 직면했거나 이후에 직면하게 될 수학에 어떻게 연결되는지 이해하도록 안내할 것이다. 그 다음 3장에서 교수, 학습 및 평가에 관한 내용을 읽어볼 수 있다.

대안적으로 1장과 2장의 수학 아이디어를 읽기 전에 3장을 먼저 살펴볼 수도 있다. 교수, 학습 및 평가의 도전을 분명히 염두에 두고, 그것들에 대한 가능한 접근 방법에 따라 책을 읽는 것은 1장과 2장의 자료에 대한 다른 관점을 얻도록 할 수 있다. 이러한 지도 전반에 걸쳐 얻은 새로운 지식에 대해 생각하기 위한 안내 도구로 앞서 제공된 체크리스트를 활용하자.

이 책을 어떻게 읽든지 간에, 덧셈과 뺄셈에 대한 교사의 이해, 적용, 그리고 즐거움을 확장하는 데 도움이 되기를 바란다.

2x2=4
teacher
BACK
TO
SCHOOL

제1장

덧셈과 뺄셈 : 핵심 아이디어와 필수 이해

어린 아동의 수학 학습은 입학 전에 이미 시작된다. 아동들은 세기를 배우고, 세면서 간단한 문제를 풀 수 있다. 초등학교 저학년에서 수학 학습의 초점은 수 감각의 발달, 수 연산의 이해, 계산 숙달에 맞추어진다. 「학교수학을 위한 원리와 규준」(Principles and Standards for School Mathematics, NCTM, 2000)에서는 이와 같은 기능과 개념의 발달에 대해 2학년 말 학생들이 해야 할 것으로서 다음을 제시하고 있다.

- 수, 수를 표현하는 방법, 수 사이의 관계, 수 체계 이해하기
- 연산의 의미와 연산들이 어떻게 관련되는지에 대해 이해하기
- 능숙하게 계산하고 합리적으로 어림하기 (NCTM, 2000, p.78)

「유아·유치원~8학년까지의 수학을 위한 교육과정 핵심 : 일관성 탐색」(Curriculum Focal Points for Prekindergarten through Grade 8 Mathematics : A Quest for Coherence, NCTM, 2006)은 계속하여 덧셈과 뺄셈에 대한 개념적 이해와 절차적 이해 양자 발달의 중요성을 강조한다. 「학교수학을 위한 원리와 규준」에 기초하여 「유아·유치원~8학년까지의 수학을 위한 교육과정 핵심 : 일관성 탐색」은 저학년 전반에 걸쳐서 이러한 이해의 발달을 강조하는 수업을 권장한다. 유치원에서의 활동은 다음과 같이 가르기와 모으기를 집중적으로 다루어야 한다.

> 아동은 물체를 이용하여 간단한 가르기와 모으기를 모델링하는 것과 같이, 양을 표현하고 정량적인 문제를 해결하기 위해 수와 숫자를 사용한다. 적은 수를 재빨리 파악하기, 주어진 크기의 집합을 세고 만들기, 두 집합을 합하여 세기, 거꾸로 세기를 포함하여 정량적인 질문에 답하기 위해 효과적인 전략을 선택하여 결합하고 적용한다(NCTM, 2006, p.12).

1학년 수업은 덧셈과 뺄셈의 이해뿐만 아니라 이 연산과 관련된 수 구구 및 전략에 초점을 맞추어야 한다.

> 아동은 작은 수에 대한 초기 경험에 기초하여 자연수의 덧셈과 뺄셈을 위한 전략을 개발한다. 덧셈과 뺄셈의 의미 이해 및 산술 문제의 해결 전략을 개발하기 위한 '부분-전체', '합하기', '덜어내기', '비교' 상황을 모델링하기 위해 낱개 물체, 길이 모델(예 : 연결큐브의 길이), 수직선을 포함한 다양한 모델을 사용한다. 아동은 세기, 덧셈과 뺄셈 연산 사이의 연결성(예 : 2를 더하는 것은 2만큼 '이어 세기'와 같다)을 이해한다. 자연수를 더하기 위해 덧셈의 성질(교환법칙과 결합법칙)을 이용하고, 이 성질에 기초하여 수 구구를 포함한 덧셈, 뺄셈 문제를 풀기 위해 점차 복잡한 전략(예 : 10 만들기)을 이용한다. 다양한 해결 전략을 비교함으로써 덧셈과 뺄셈을 역연산으로 관련짓는다(NCTM, 2006, p.13).

2학년 수업의 초점은 학생들이 덧셈 및 관련 뺄셈 구구를 빨리 기억하고 두 자리 이상의 수의 덧셈과 뺄셈을 숙달하는 것을 돕는 것으로 이동해야 한다.

> 아동은 기본적인 덧셈 구구와 관련된 뺄셈 구구를 빨리 기억하기 위해서 덧셈에 대한 이해를 이용한다. 아동은 (가르기와 모으기나 수직선 활용과 같은) 덧셈과 뺄셈 모

> 델에 대한 이해, (자릿값과 같은) 수의 관계와 성질, 덧셈의 성질(교환법칙과 결합법칙)을 적용함으로써 산술 문제를 해결한다. 아동은 여러 자리 자연수의 덧셈과 뺄셈을 위해 효과적이고 정확하며 일반화가 가능한 방법을 개발하고 토의하고 이용한다. 아동은 관련된 맥락과 수에 따라 합과 차를 어림하기 위해 적절한 방법을 선택하여 적용하고 암산한다. 아동은 자연수의 덧셈과 뺄셈을 위해 표준 알고리즘을 포함하여 효과적인 절차를 익히고, 왜 그 절차가 타당한지 (자릿값과 연산의 성질에 기초하여) 이해하며, 문제를 풀 때 그 절차를 이용한다(NCTM, 2006, p.14).

이 장에서는 이러한 문서들에서 개관한 수학적 개념을 상세히 논할 것이다. 이와 더불어, 다음을 탐구함으로써 다양한 수학적 과정을 이 개념들과 관련지을 것이다.

- 덧셈과 뺄셈 문제 해결을 위해 사용될 수 있는 상황
- 덧셈과 뺄셈을 표현하는 방법
- 덧셈과 뺄셈으로 추론하는 방법
- 덧셈·뺄셈과 그 밖의 다른 수학 주제들 사이의 연결성과 관련성

또한 이 장에서는 다중 표현으로부터 발생하는 수 관계와 지필 또는 암산, 표준 또는 비표준 계산 알고리즘에 대한 의미 있는 사용과 이해에 필요한 추론을 알아볼 것이다. 표현은 주로 수학적 개념을 예시할 때의 유용성 때문에 선택되었다. 대부분의 초반부 예들은 가장 초보적인 표현을 구성한다는 점에서 셈돌을 이용하지만, 후반부의 논의에서는 수직선, 100까지의 수 배열표, 십진 블록과 같이 덧셈과 뺄셈을 위한 다른 표현을 이용하였다.

덧셈과 뺄셈의 역연산 관계에 대한 여러 아이디어를 풀어내는 것은 더 깊은 이해를 위한 중요한 단계이다. 교사로서 훈련

받지 않은 사람에게는 이와 같은 아이디어들이 지도하기에 간단해보일지 모른다. 그러나 어린 학생들을 가르치는 교사는 그 아이디어 자체가 지닌 미묘함과 복잡함, 그리고 교실에서 그 아이디어를 명확하고 일관되게 제시하는 일이 어렵다는 것을 알고 있다. 또한 다음과 같이 덧셈과 그 역연산으로서의 뺄셈에 대한 매우 중요한 아이디어 역시 알고 있다.

> 중요한 아이디어 : 덧셈과 그 역연산인 뺄셈은 많은 문제 상황에 적용되고 다른 많은 주제와 연결되는, 수학에서 강력한 기본 개념이다. 덧셈은 전체를 부분들로 결정하며, 뺄셈은 미지의 부분을 결정한다.

이와 같은 중요한 아이디어는 교사의 이해와 지도를 뒷받침한다. 이는 덧셈과 뺄셈을 이해하는 데 필수적인 두 가지 핵심 아이디어를 결합한다. 첫째는 각 연산을 사용하는 시기와 관련되며, 둘째는 답을 효과적이고 정확하게 구하는 방법과 관련된다. 이 두 가지 핵심 아이디어는 각각 몇 가지의 더 작고 구체적인 필수 이해를 포함한다.

여기서 이러한 두 가지 핵심 아이디어와 필수 이해를 정리함으로써, 신속한 개관과 이후 다시 참조할 때의 편리함을 제공할 것이다. 지금 이것을 통독하되, 현재 시점에서 완전히 이해해야 한다고 생각하지는 마라. 이 장에서 하나씩 차례대로 상세하게 논할 것이다.

Big idea

핵심 아이디어 1. 덧셈과 뺄셈은 여러 종류의 문제를 표현하고 해결하기 위해 사용된다.

필수 이해 1a. 자연수의 덧셈과 뺄셈은 순서대로 세기에 기초한다.

필수 이해 1b. 뺄셈은 덧셈과 역관계를 갖는다.

필수 이해 1c. 여러 문제 상황이 부분-부분-전체 관계와 덧셈, 뺄셈으로 표현될 수 있다.

필수 이해 1d. 부분-부분-전체 관계는 $a+b=c$ 또는 $c-b=a$ (이때 a와 b는 부분, c는 전체)와 같은 수식을 사용하여 표현이 가능하다.

필수 이해 1e. 문제 상황의 맥락과 그 해석은 다양한 표현을 만들 수 있다

Big idea

핵심 아이디어 2. 자연수의 덧셈과 뺄셈의 계산 절차를 이해하기 위한 수학적 기초는 덧셈의 성질과 자릿값이다.

필수 이해 2a. 자연수의 덧셈에 대한 교환법칙과 결합법칙은 계산을 능숙하게 하도록 한다.

필수 이해 2b. 자연수의 뺄셈에서는 교환법칙이나 결합법칙이 성립하지 않는다.

필수 이해 2c. 자릿값 개념은 덧셈과 뺄셈을 용이하게 하기 위해 수를 합성하고 분해하는 편리한 방법을 제공한다.

필수 이해 2d. 덧셈의 성질은 계산 알고리즘이 옳음을 증명하는 데 중요하다.

핵심 아이디어 1

문제의 표현 및 해결

Big idea

덧셈과 뺄셈은 여러 종류의 문제를 표현하고 해결하기 위해 사용된다.

여러 유형의 문제가 덧셈 또는 뺄셈으로 표현될 수 있다. 자연수로 세는 것에 기초하여 이러한 상황을 파악하고 기호로 나타내는 방법을 배우는 것은 중요하다. 교사는 이러한 상황과 그 표현을 잘 이해함으로써 학생들에게 덧셈과 뺄셈의 다양한 사례를 제공할 수 있다. 핵심 아이디어 1에 관한 다음의 논의를 통해 덧셈이나 뺄셈으로 표현이 가능한 상황을 나타내는 15개의 사례를 제시하고 검토할 것이다.

1) 순서대로 세기에 기초하기

필수 이해 1a. 자연수의 덧셈과 뺄셈은 순서대로 세기에 기초한다.

세기 전략과 수 아이디어에 대한 확장된 논의를 보려면, 「수와 기수법의 필수 이해 : 유아·유치원~2학년까지」(Dougherty 외, 2010)를 참고하시오.

덧셈이나 뺄셈으로 나타낼 수 있는 상황은 앞으로 세기 또는 거꾸로 세기의 기본 적용으로 간주될 수 있다. 아주 어린 아동일지라도 구체물을 세면서 간단한 덧셈 및 뺄셈 문장제를 해결할 수 있다(예 : Starkey와 Gelman, 1982; Carpenter와 Moser, 1983). 아동들은 대응하는 수의 이름을 말하면서, 세고 있는 각 구체물을 옮기거나 만지거나 짚어가면서 일대일 대응을 한다. 다음의 두 가지 사례는 세기가 덧셈 및 뺄셈 상황과 어떻게 관련되는지를 보여준다. 예 1은 여러 가지 간단한 세기 전략에 적합하다.

예 1 : 맥스는 사과 2개를 갖고 있다. 5개를 더 집었다면 몇 개를 갖게 되는가?

이 문제는 먼저 셈돌 2개(맥스의 출발량)를 놓고 그 다음 5개를 더 놓음으로써 구체물로 표현이 가능하다. [그림 1.1]은 두 그룹의 셈돌을 보여준다.

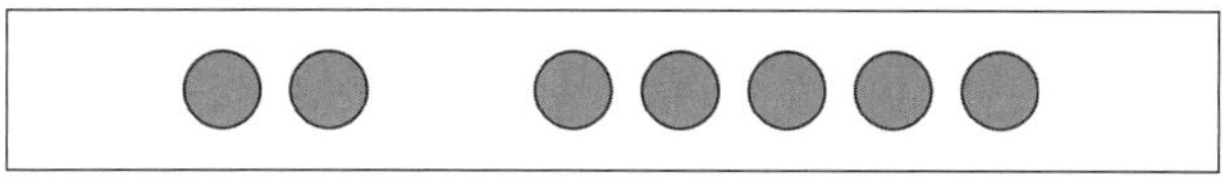

[그림 1.1] 2와 5를 표현한 셈돌

셈돌 전체의 수를 구할 때 다양한 세기 전략을 사용할 수 있다.

- *모두 세기* : 셈돌 각각을 센다. 1, 2, [잠깐 쉬고] 3, 4, 5, 6, 7.
- *첫째 수로부터 이어 세기* : 전체를 구하는 보다 효과적인 방법은 문제에서 주어진 첫째 양(이 경우에는 2)에서 시작하는 이어 세기이다. 2, [잠깐 쉬고] 3, 4, 5, 6, 7.
- *큰 수부터 이어 세기* : 전체를 구하는 훨씬 더 효과적인 방법은 큰 수(이 경우에는 5)로 시작하여 더 작은 수(2)를 세어 나가는 이어 세기이다. 5, [잠깐 쉬고] 6, 7.

[생각해보기 1.1]에서는 이러한 전략과 관련하여 셈돌을 사용하는 방법을 알아본다.

생각해보기 1.1

아동은 위의 세기 전략 각각을 사용할 때 어떤 셈돌을 가리키는가?
아동은 이어 세기 위해 셈돌 전부를 필요로 하는가?

각각의 '이어 세기' 전략은 문제해결자가 첫째 수를 세지 않고 인식할 때 더욱 효과적이다. 이러한 과정은 많은 과제의 어려움을 줄여 주며, 게임, 동전 세기, 다른 단순 일상 과제에서도 유용하다. [그림 1.2]와 같은 주사위와 도미노에서의 패턴 인식은 특히 유익하다.

[그림 1.2] 주사위와 도미노

수를 기준량 5와 10에 관련짓는 것은 학생들이 수의 상대적인 크기를 아는 데 도움이 되며, 이는 세기에서 나아가 이후 덧셈 및 뺄셈으로 이동할 수 있도록 도와준다. [그림 1.3]의 왼쪽에 있는 5틀에서는 세지 않고도 3개의 셈돌을 파악할 뿐만 아니라 2개의 빈 공간이 있다는 것을 인식할 수 있다. 따라서 3은 5보다 2만큼 적고, $3+2=5$ 또는 $5-2=3$임을 알게 된다. 오른쪽의 10틀에서는 6이 5보다 1만큼 많다거나 $6=5+1$, 6은 10보다 4만큼 적다거나 $6+4=10$, $6=10-4$를 알게 된다.

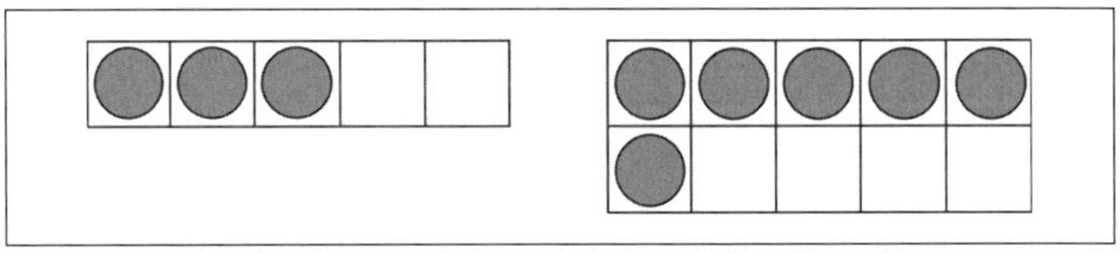

[그림 1.3] 3과 6을 상대적으로 표현한 5틀과 10틀

10틀이든 주사위든, 점 패턴을 이용하는 것은 세기 없이 구체물의 수를 파악하는 것을 도와준다. 일부 표현은 배수, 특히 2배를 파악하는 데 더욱 유용하다. 주사위에 있는 점 6개의 배열은 [그림 1.4]의 10틀에 있는 셈돌 배열과 유사하다. 이 배열은 6을 3의 2행이나 $6=3+3$으로 생각하도록 한다. [생각해보기 1.2]에서는 이러한 사고를 다른 점의 배열로 확장하는 것을 탐구한다.

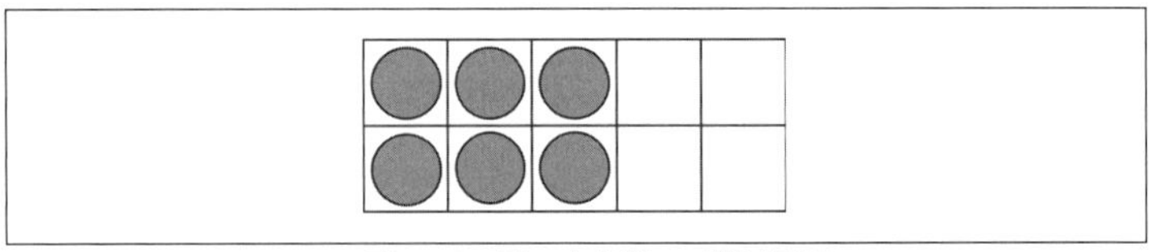

[그림 1.4] 6을 나타내는 다른 방법

생각해보기 1.2

학생들은 주사위의 표준적인 점 배열로부터 어떤 수 관계를 알 수 있는가?

예 2는 여러 가지 세기 전략에 관한 것이다.

예 2 : 사리는 사과 5개를 갖고 있다. 그 중 3개는 빨갛고 나머지는 노랗다. 사리의 사과 중에서 노란 사과는 몇 개인가?

이 문제를 풀기 위한 세기 방법 중 한 가지는 5개의 셈돌을 늘어놓고 빨간 사과를 나타내는 3개를 분리시키고(아마도 큰 원을 그려서), 그 다음 나머지 셈돌을 세는 것이다. [그림 1.5]는 이러한 상황을 보여준다.

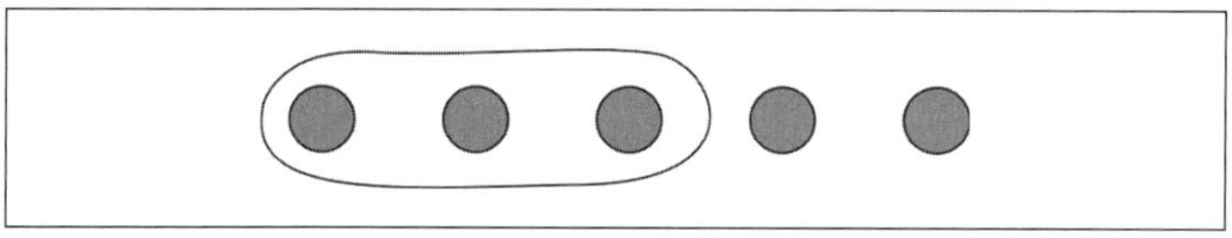

[그림 1.5] 부분으로서의 3을 포함하는 5를 나타내는 셈돌

또한 이 문제를 '이어 세기'로 풀 수도 있다. [그림 1.6]과 같이, 3개의 빨간 사과를 상징하는 3개의 셈돌을 늘어놓은 후에 사과 5개를 나타내는 셈돌까지 세어가는 것이다.

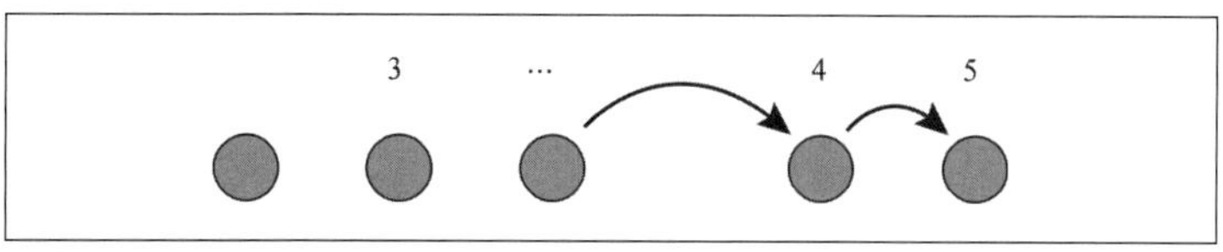

[그림 1.6] 부분으로서의 3을 포함하는 5를 나타내는 '이어 세기'

또는 이 문제를 '거꾸로 세기'로 나타낼 수도 있다. [그림 1.7]과 같이 셈돌 5개로 시작하여 3개의 빨간 사과를 의미하는 3을 거꾸로 세는 것이다. [생각해보기 1.3]의 '이어 세기'와 '거꾸로 세기'를 비교하는 질문을 참조하자.

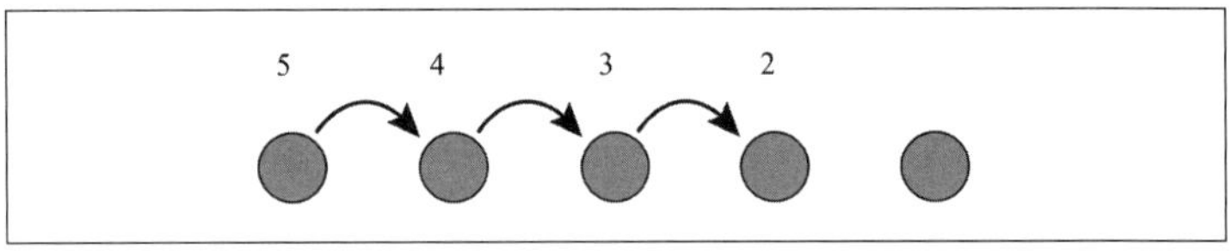

[그림 1.7] 부분으로서의 3을 포함하는 5를 나타내는 '거꾸로 세기'

생각해보기 1.3

왜 '거꾸로 세기'는 '이어 세기'보다 훨씬 더 어려운가?

2) 덧셈과 뺄셈의 역관계

필수 이해 1b. 뺄셈은 덧셈과 역관계를 갖는다.

곱셈과 나눗셈 간의 역관계에 대한 논의는 「곱셈과 나눗셈의 필수 이해 : 3~5학년까지」(Otto 외, 2011)를 참고하시오.

[그림 1.8]의 표는 '더하기 2'라는 대수 규칙에 대한 입력과 출력을 보여준다. 출력 수는 항상 입력 수보다 2만큼 크다.

규칙 : 더하기 2	
입력	출력
1	3
5	7
8	10
11	13

[그림 1.8] 입력/출력 표

[그림 1.8]에서의 관계는 함수이고, [그림 1.9]와 같은 함수기계로 표현될 수 있다. 더하기 2를 빼기 2로 바꾸어 방향을 뒤집을 수 있다.

$x \rightarrow$ [더하기 2] $\rightarrow x+2$

[그림 1.9] '더하기 2'를 위한 함수기계

어떤 학생은 사리의 사과 문제인 예 2를 덧셈으로 나타내는 반면, 다른 학생은 뺄셈으로 문제 상황을 표현할 수 있다. 앞서 설명한 '이어 세기' 뺄셈 전략은 $5-3=\square$가 $5=3+\square$와 같다는 사실에 근거한다. a로부터 b를 뺀 결과인 $a-b$는 형식적으로 $a=b+y$에서 수 y로 정의된다. 이 정의는 논리적으로 학생들이 덧셈에 대해 이미 알고 있다는 것을 전제로 하며, 왜 어떤 문제는 두 연산 중 어느 하나로 해결이 가능한지 그 이유를 보여준다.

덧셈과 뺄셈 간의 관계를 이해하는 것은 뺄셈을 위한 일관되고 신뢰할 만한 전략(관련된 덧셈 구구의 사용)을 제공함으로써 학생들이 반드시 '알아야' 하는 수 구구를 줄여준다. 그 다음, 이러한 관련 구구들은 구구족을 형성한다. [그림 1.10]의 셋째 열은 구구족의 보다 형식적인 대수적 묘사이다.

$2+3=5$	$4+4=8$	$b+y=a$
$3+2=5$		$y+b=a$
$5-2=3$	$8-4=4$	$a-b=y$
$5-3=2$		$a-y=b$

[그림 1.10] 구구족의 예

곱셈과 나눗셈에 대한 적절한 용어의 사용과 문장제 표현에 대한 논의는 「곱셈과 나눗셈의 필수 이해 : 3학년~5학년까지」(Otto 외, 2011)를 참고하시오.

뺄셈을 설명하는 언어는 종종 학생들이 옳게 이해하여 사용하기가 매우 어렵다. 식 $5-3$은 여러 가지 방식으로 읽을 수 있다. 이 식을 부분과 전체로 생각하는 것이 도움이 될 것이다. 왜냐하면 *피감수* 5는 전체이고 *감수* 3은 부분이기 때문이다. 많은 성인들은 이 식을 "5 빼기 3 (5 minus 3)"이라고 읽는다. 학생들은 "5에서 3을 덜어내기 (5 take away 3)"라고 읽지만, "3을 덜어낸 5 (3 taken away from 5)"라고 읽기도 한다. 같은 식을 "5와 3의 차 (5 subtract 3)"나 "5에서 3 빼기 (3 subtracted from 5)"라고 읽을 수 있다. 또한 "5보다 3 작은 (5 less 3)" 또는 "3이 적은 5 (3 less than 5)"로 읽을 수도 있다[1]. 이 표현 중에서 수의 순서가 바뀌는 것에, 그리고 어떤 식은 조사('*에서*'나 '*보다*')가 포함된다는 것에 주목하자. 아동이 이 표현들의 의미 차이를 구별하는 것은 매우 어렵고, 이와 같

1) [역자 주] 이러한 표현들은 영어 원문을 우리말로 번역하기 위해 제시된 것이다. 우리말에서는 제시된 표현들이 모두 발생하지는 않는다.

은 혼동은 종종 순서가 바뀌는 오류를 야기한다. 제3장은 학생들이 문장제에서 활동(action)과 덧셈, 뺄셈의 언어를 이해하도록 돕기 위한 전략을 다룬다.

3) 덧셈, 뺄셈 상황의 표현

필수 이해 1c. 여러 문제 상황이 부분–부분–전체 관계와 덧셈, 뺄셈으로 표현될 수 있다.

부분–부분–전체 관계는 부분인 두 수가 전체를 의미하는 셋째 수와 관련되는 상황을 보여준다. 예컨대, 2와 3은 전체인 5의 부분들이다. 지금까지 다수의 연구에서 덧셈과 뺄셈 상황을 광범위하게 분석하였고 여러 가지 방법으로 범주화하였다(예 : Carpenter, 1985; Schifter, Bastable와 Russell, 2000 참조). '미국의 수학 교육과정 규준' (Common Core State Standards for Mathematics, CCSSI, 2010)에는 다양한 유형의 문제를 범주화하는 방법 중 한 가지를 보여주는 표(NRC, 2009, p.32, 33 각색; [그림 1.11] 참조)가 제시되어 있다.

	결괏값을 모를 때	변화량을 모를 때	출발량을 모를 때
더해가기	토끼 두 마리가 잔디 위에 앉아 있었다. 토끼 세 마리가 그곳으로 깡충깡충 뛰어 왔다. 이제 잔디 위에 모두 몇 마리의 토끼가 있을까? 2+3=?	토끼 두 마리가 잔디 위에 앉아 있었다. 토끼 몇 마리가 그 곳으로 깡충깡충 뛰어 왔다. 이제 모두 다섯 마리의 토끼가 있다. 몇 마리의 토끼가 처음 두 마리가 있는 곳으로 왔을까? 2+?=5	토끼 몇 마리가 잔디 위에 앉아 있었다. 토끼 세 마리가 그곳으로 깡충깡충 뛰어 왔다. 이제 모두 다섯 마리의 토끼가 있다. 처음 잔디 위에는 몇 마리의 토끼가 있었을까? ?+3=5
덜어내기	사과 다섯 개가 탁자 위에 놓여 있었다. 내가 사과 두 개를 먹었다. 이제 탁자 위에는 몇 개의 사과가 놓여 있을까? 5−2=?	사과 다섯 개가 탁자 위에 놓여 있었다. 내가 사과 몇 개를 먹었다. 이제 사과 세 개가 남았다. 내가 먹은 사과는 몇 개일까? 5−?=3	사과 몇 개가 탁자 위에 놓여 있었다. 내가 사과 두 개를 먹었다. 이제 사과 세 개가 남았다. 처음 탁자 위에는 모두 몇 개의 사과가 놓여 있었을까? ?−2=3

	전체를 모를 때	가수를 모를 때	두 가수를 모를 때
모으기/가르기	빨간 사과 세 개와 초록 사과 두 개가 탁자 위에 놓여 있다. 모두 몇 개의 사과가 탁자 위에 놓여 있는가? $3+2=?$	사과 다섯 개가 탁자 위에 놓여 있다. 그 중 세 개는 빨간색이고 나머지는 초록색이다. 몇 개의 사과가 초록색인가? $3+?=5$, $5-3=?$	할머니께서 꽃 다섯 송이를 갖고 계신다. 그녀가 빨간 꽃병과 파란 꽃병에 꽂을 수 있는 꽃은 각각 몇 송이인가? $5=0+5$, $5=5+0$ $5=1+4$, $5=4+1$ $5=2+3$, $5=3+2$

	차이를 모를 때	더 큰 수를 모를 때	더 작은 수를 모를 때
비교하기	("얼마나 더 많이?" 버전) : Lucy는 사과 두 개를 갖고 있고, Julie는 사과 다섯 개를 갖고 있다. Julie는 Lucy보다 사과를 얼마나 더 많이 갖고 있는가? ("얼마나 더 적게?" 버전) : Lucy는 사과 두 개를 갖고 있고, Julie는 사과 다섯 개를 갖고 있다. Lucy는 Julie보다 사과를 얼마나 더 적게 갖고 있는가? $2+?=5$, $5-2=?$	("더 많이" 버전) : Julie는 Lucy보다 사과 세 개를 더 많이 갖고 있다. Lucy는 사과 두 개를 갖고 있다. Julie는 몇 개의 사과를 갖고 있는가? ("더 적게" 버전) : Lucy는 Julie보다 사과를 세 개 적게 갖고 있다. Lucy는 사과 두 개를 갖고 있다. Julie는 몇 개의 사과를 갖고 있는가? $2+3=?$, $3+2=?$	("더 많이" 버전) : Julie는 Lucy보다 사과 세 개를 더 많이 갖고 있다. Julie는 사과 다섯 개를 갖고 있다. Lucy는 몇 개의 사과를 갖고 있는가? ("더 적게" 버전) : Lucy는 Julie보다 사과를 세 개 적게 갖고 있다. Julie는 사과 다섯 개를 갖고 있다. Lucy는 몇 개의 사과를 갖고 있는가? $5-3=?$, $?+3=5$

[그림 1.11] 일반적인 덧셈과 뺄셈 상황. CCSSM 각색(CCSSI, 2010, p.88; NRC, 2009, p.32, 33)

표에서 처음에 제시된 두 가지 유형의 문제 상황은 '활동(action)'을 수반하는 '더해가기'와 '덜어내기'를 나타낸다. '더해가기' 문제는 *첨가*에 의해 *수가 커지는* 반면, '덜어내기' 문제는 *수가 작아지거나 분리*된다. 각각의 상황은 구해야 하는 정보(활동 *결과*, *변화*, *시작* 상황)에 따라 보다 더 세분화될 수 있다. 이에 반해, 그 밖의 문제 상황들은 집합에 있어서 수량의 변화가 없는 것들이다. 이러한 '비활동' 상황에는 물체 '*모으기*', '*가르기*', '*비교하기*'가 있다.

이 절에서는 '부분－부분－전체' 표현을 사용하여 유형별 상황들을 살펴보고자 한다. [생각해보기 1.4]는 그러한 상황에 대해 깊게 생각하도록 해준다.

생각해보기 1.4

상황을 나타내는 언어는 그것을 구체물로 표현한 것과 어떠한 관계가 있는가?
문장제에서 미묘한 차이를 이해하는 것이 왜 중요한가?

예 1과 2는 앞서 두 가지 유형의 문제 상황으로 표현되었으며, 그 중 하나는 활동 상황이고 다른 하나는 비활동 상황이다.

- 예 1에서, 맥스는 사과 2개를 갖고 있고, 5개를 더 집었다. 구체물로 표현할 때에는 셈돌 2개 그룹에 이어서 5개 그룹을 보여주게 된다. 이와 같은 '더해가기' 활동 문제는 처음 수량(*출발량*)에 이어서 결괏값은 모른 채, 수량이 첨가 또는 증가하는 상황이 제시된다. 이는 또한 한 부분은 처음 수량이고 다른 부분은 더하는 양(*변화량*)이라는 부분－부분－전체 관계를 나타낸다. 이 경우 전체는 미지수인 *결괏값*이 된다. 이 덧셈 문제에 대한 일반적인 기호적 표현은 $2+5=\square$ 이다.
- 예 2에서, 사리는 사과 5개를 갖고 있고, 그 중 3개가 빨간 사과이다. 이 문제를 구체물로 표현할 때에는 셈돌 5개를 가지고 시작하며, 이 셈돌들은 두 부분으로 간주된다. 이러한 부분－부분－전체 문제에는 활동이 포함되지 않는다. 즉, 변화가 없으며 더해지거나 덜어내는 사과가 없다. 전체와 한 부분이 주어지며, 나머지 부분이 구해야 하는 값인 것이다. 이러한 가르기 문제는 $5=3+\square$ 와 같이 나타낼 수 있기 때문에, *가수가 미지*인 문제라고 할

수 있다. 이 순서대로 식을 쓰는 것은 상황을 직접적으로 보여주며 양쪽이 같은 양임을 나타내는 등호의 의미를 이해하도록 도와준다. 가수가 미지인 문제 상황은 $5-3=\square$와 같은 뺄셈으로 표현할 수도 있다.

다음의 다섯 가지 사례는 '활동' 문제의 여러 가지 유형을 보여준다. 예 3과 4는 *첨가*나 *증가*에 의한 '더해가기'와 관련되며, 예 5~7은 *분리* 또는 *감소*에 의한 '덜어내기'에 관한 것이다. *결괏값*, *변화량*, *출발량*을 모를 때의 모든 유형의 상황 사례들이 제시된다.

예 3은 '더해가기' 상황의 한 가지 유형이다.

예 3 : 주아니타는 쿠키 2개를 갖고 있다. 쿠키 5개가 되려면 몇 개의 쿠키가 더 필요할까?

이 문제에 대한 구체물 표현은 [그림 1.12]처럼 셈돌 2개를 가지고 시작하여 '이어 세기' 전략으로 셈돌 5개가 될 때까지 셈돌을 더해가는 것이다. 이러한 '더해가기' 문제는 처음 수량(출발량)에 이어서 수량이 증가하는 활동이 이어진다. 즉, 출발 집합인 쿠키 2개에 개수를 알지 못하는 쿠키(변화량)를 첨가하게 된다. 처음 수량, 즉 출발량 (2)와, 미지수인 변화량은 부분들이고, 결괏값 (5)는 전체이다. 이 문제는 덧셈 $2+\square=5$ 또는 뺄셈 $5-2=\square$로 표현할 수 있으므로, 가수가 미지인 문제이기도 하다.

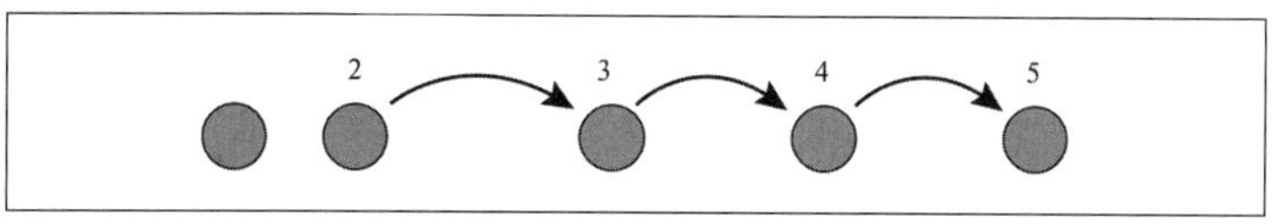

[그림 1.12] 2로부터 전체 5를 구하기 위하여 이어 세기를 표현한 셈돌

예 4는 '더해가기' 문제의 다른 범주를 나타낸다.

예 4 : 호세는 구슬 몇 개를 갖고 있다. 엔젤이 그에게 구슬 3개를 줬다. 이제 그는 구슬 5개를 갖게 되었다.
호세는 처음에 몇 개의 구슬을 가지고 있었는가?

처음 수량(출발량)이 미지수인 '더해가기' 문제는 구체물로 표현하기가 어렵다. 위의 문제를 구체물로 모델링하는 한 가지 방법은 셈돌 몇 개를 그릇에 넣고 시작하는 것이다. 이어서 엔젤이 호세에게 준 구슬을 표현하기 위해 [그림 1.13]과 같이 별도로 셈돌 3개의 그룹을 만든다.

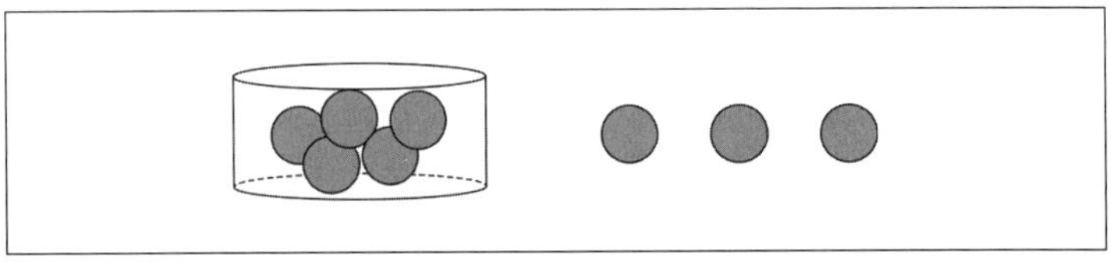

[그림 1.13] 미지수와 첨가된 3개를 표현한 셈돌

호세가 엔젤에게 구슬 3개를 받은 뒤, 그는 전부 구슬 5개를 갖게 되었다. 따라서 문제를 계속 모델링하기 위해 [그림 1.14]처럼 첫째 그룹에서 둘째 그룹으로 5개가 될 때까지 셈돌을 하나씩 더해간다.

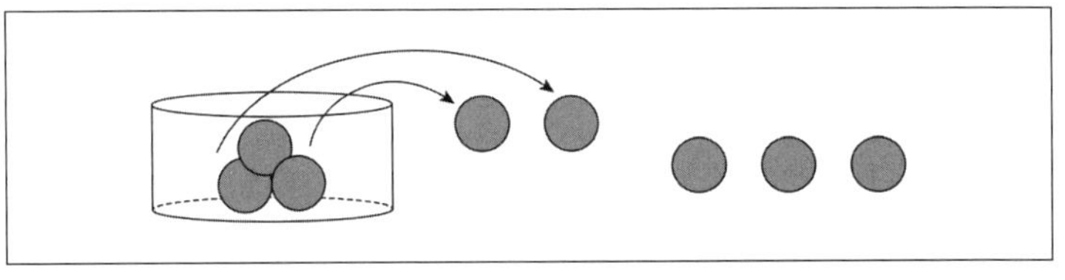

[그림 1.14] 미지수인 출발량과 3, 그리고 전체 5를 표현한 셈돌

전체로부터 거꾸로 세기가 요구되는 다른 구체물 모델을 생각해보자. 이 모델은 호세가 갖고 있는 구슬 전체의 수를 나타내기 위해 셈돌 5개를 가지고 시작한다. 이어서 [그림 1.15]에서 전체에 대한 한 부분으로서 호세가 엔젤에게 받은 구슬을 의미하는 3개를 큰 원으로 묶어서 제시한 것처럼, 부분들에 대해 고려하게 된다. 이러한 '첨가' 문제는 미지수인 출발량(부분), 양적으로 증가하는 활동(3개의 변화량, 부분), 결괏값(전체, 5)을

갖는다. 이는 가수가 미지인 문제이며, 덧셈 $\square + 3 = 5$ 또는 뺄셈 $5 - 3 = \square$로 표현할 수 있다.

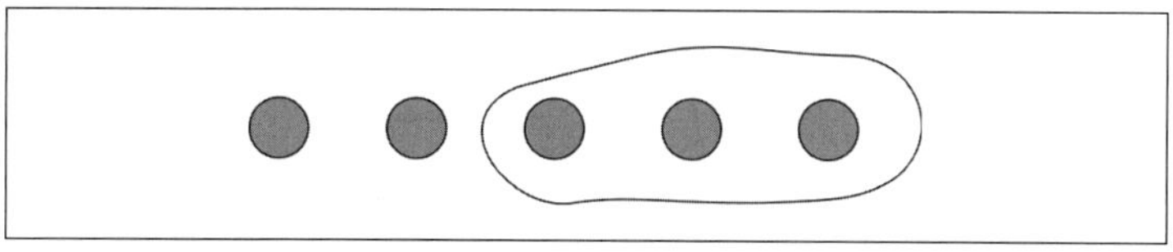

[그림 1.15] 부분으로서 3을 포함하는 5를 표현한 셈돌

예 5는 뺄셈 상황에 대한 것이다.

예 5 : 벤은 쿠키 5개를 갖고 있었다. 벤이 쿠키 2개를 먹었다. 몇 개의 쿠키가 남아 있는가?

이와 같은 '덜어내기' 또는 '분리' 상황은 구체물로 친숙하고 쉽게 표현할 수 있다. 셈돌 5개를 놓고 거기에서 2개를 제거하면 된다. 이 활동은 종종 [그림 1.16]에서 보는 바와 같이 셈돌 그림에 ×표시를 하여 나타낸다.

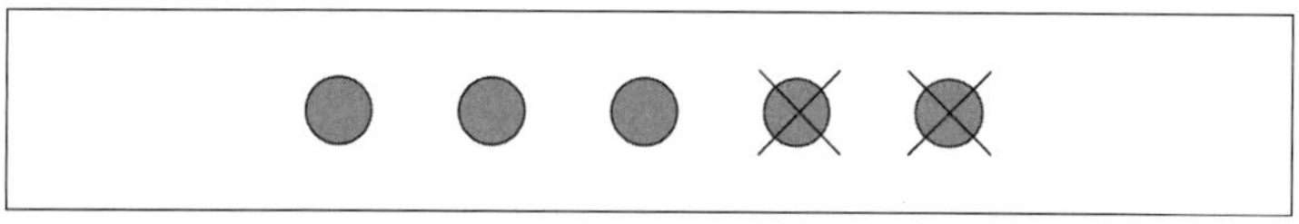

[그림 1.16] 5에서 2 덜어내기를 나타내는 셈돌

이 모델에서 단지 오른쪽이나 왼쪽에 있는 셈돌이 아니라 임의의 위치에 놓인 셈돌을 지울 수 있음에 주목하자. [그림 1.17]은 셈돌 2개를 지우는 다른 방법을 보여준다.

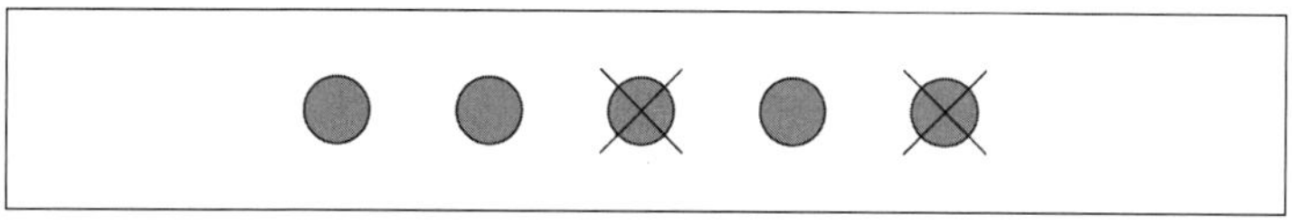

[그림 1.17] 5에서 2 덜어내기를 보여주는 다른 방법

이러한 '덜어내기' 문제는 전체인 처음 수량 또는 출발량과 관련이 있다. 이어서 한 부분을 덜어내거나 분리하는 감소가

제시되며 문제해결자는 미지인 부분 또는 결괏값을 구해야 한다. 이 상황을 그림으로 나타내면 한 부분이 미지수인 부분-부분-전체 상황이 된다. 이 뺄셈 문장제가 여전히 부분-부분-전체 관계로 묘사되고 '출발량-활동이나 변화-결괏값'의 형태이지만, 이때 출발량이 전체이고 결괏값이 부분임에 주목하자. 이 활동 상황은 주로 뺄셈 $5-2=\square$로 표현된다.

예 6은 또 다른 상황의 '덜어내기' 유형을 보여준다.

> 예 6 : 메리는 꽃 5송이를 갖고 있다. 메리는 그 중 몇 송이를 안야에게 주었다. 남은 꽃은 2송이이다. 메리는 안야에게 몇 송이의 꽃을 주었는가?

이러한 '덜어내기' 문제를 구체물로 모델링하기 위해서 셈돌 5개를 가지고 시작하여([그림 1.18a] 참조) 2개가 남을 때까지 셈돌을 제거한다([그림 1.18b] 참조). 예 5와 같이 이 문제는 전체인 출발량 또는 처음 수량과 관련된다. 그러나 셈돌 2개(결괏값 또는 남은 부분)를 남기기 위해 미지수 부분(변화량)을 덜어내거나 분리하면서 양이 감소되는 것이 예 5와 다르다. 이러한 활동 상황은 $5-\square=2$인 맥락과 모델로서 가장 직접적으로 표현될 수 있다. 이는 덧셈식 $5=2+\square$, $5=\square+2$와 수학적으로 동치이나, 이와 같은 맥락에서 이러한 식들은 거의 사용되지 않는다.

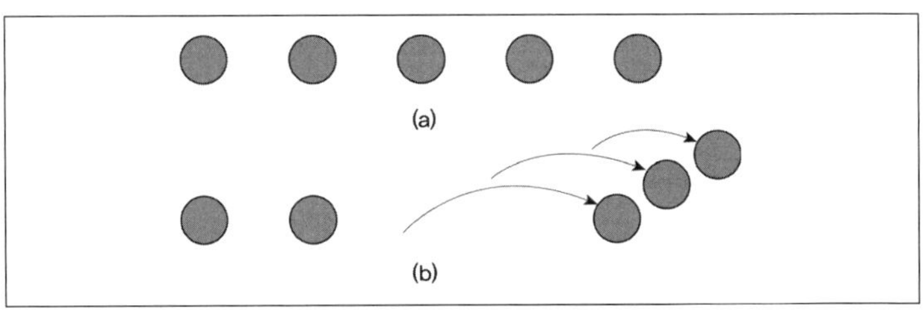

[그림 1.18] (a) 출발량 5와 (b) 5에서 몇 개를 분리하는 활동('덜어내기') 후에 남겨진 결괏값 2를 보여주는 셈돌

예 7은 '덜어내기' 상황의 셋째 유형을 보여준다.

예 7 : 이제이는 책 몇 권을 갖고 있다. 그 중 2권을 선물했다. 이제 남은 책은 3권이다. 이제이는 처음에 몇 권의 책을 갖고 있었는가?

이와 같은 '덜어내기' 상황을 구체물로 표현하기 위해 한 그룹은 2개의 셈돌로, 또 다른 그룹은 3개의 셈돌을 가지고 시작하며 전체를 구하기 위해 이 부분들을 합하게 된다. 그러나 상황을 이와 같이 해석하는 것은 문제 상황이 설명하고 있는 순서와 일치하지 않는다. 따라서 이는 학생들이 이해하기에 특히 더 어려울 수 있다. 보다 기본적인 구체물 표현을 만들기 위해 셈돌 더미로 시작하여 거기서 2개를 분리할 수 있다([그림 1.19 a] 참조). 이어서 더미에서 3개만 남기고 나머지 셈돌들을 덜어낼 것이다([그림 1.19 b] 참조).

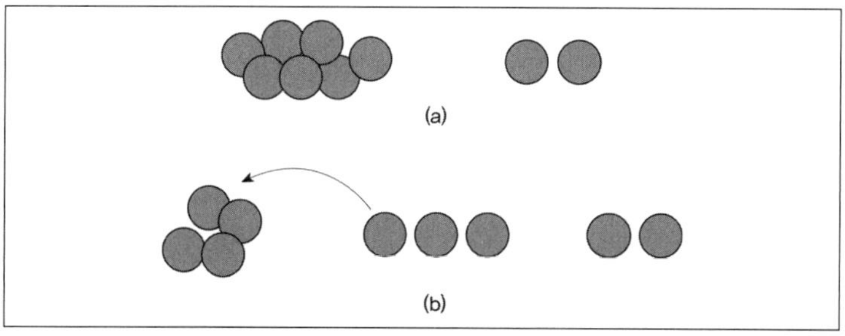

[그림 1.19] 미지수 수량에서 2를 덜어내고, 3이 남은 것을 나타내는 셈돌

이는 출발량 또는 처음 수량이 미지수인 '덜어내기' 또는 '분리' 활동 상황이다. 활동은 결괏값인 3을 남기고 처음 수량에서 2만큼 줄이는 것이다. 이 상황은 기호로 $\square-2=3$ 또는 $2+3=\square$로 표현될 것이다. 이때 첫째 식이 맥락과 모델을 더욱 밀접하게 연결시킨다. [생각해보기 1.5]는 다양한 유형의 문제에서 수가 어떻게 사용될 수 있는지에 관심을 갖도록 한다.

생각해보기 1.5

2, 7, 9를 이용하여 결괏값이 미지수, 변화량이 미지수, 출발량이 미지수인 '더해가기'와 '덜어내기' 문제를 만들어 보라.

앞의 일곱 가지 사례 중 여섯 개는 '더해가기' 또는 '덜어내기' 활동을 포함하며 덧셈과 뺄셈 문장제에서 미지수가 어떻게 부분 또는 전체가 될 수 있는지 보여준다. 그러나 예 2에서 볼 수 있듯이 모든 덧셈과 뺄셈 상황이 더해가기 또는 덜어내기와 관련 있는 것은 아니다. 이어지는 다섯 가지 사례는 덧셈과 뺄셈에 대한 비활동 맥락을 보여준다. 이러한 상황에서 미지수를 출발량, 변화량, 결괏값으로 분류하는 것은 적절하지 않다. 덧셈과 뺄셈을 깊게 이해하는 것은 다음과 같은 상황을 표현하기 위해 덧셈과 뺄셈 중 하나 또는 둘 다를 사용할 수 있음을 이해하고, $7-3=\square$와 같은 등식으로 매우 다양한 상황을 표현할 수 있음을 깨닫는 것과 관련이 있다. 학생들은 각 상황의 유형을 곧바로 모델링할 수 있어야 하지만, 문제의 각 유형에 대한 정보들까지 알 필요는 없다.

예 8의 상황은 구체물 집합 모으기에 관한 것이다.

> 예 8 : 밍은 빨간색 공 3개와 파란색 공 2개를 갖고 있다. 그는 모두 몇 개의 공을 갖고 있는가?

위 문제의 구체물 표현은 두 그룹의 셈돌(부분들)에서 시작하며 전체는 미지수이다. '모으기' 상황은 식 $3+2=\square$로 표현될 수 있다. 이 경우 전체는 미지수이다.

예 9는 구체물 집합을 비교하는 상황이다.

> 예 9 : 카렌은 책 5권을 갖고 있고, 제니는 책 2권을 갖고 있다. 카렌은 제니보다 책 몇 권을 더 많이 갖고 있는가?

'비교하기' 상황은 [그림 1.20]과 같이 카렌의 책을 나타내는 셈돌 5개와 제니의 책을 나타내는 셈돌 2개를 가지고 서로 대응시키면서 구체물로 표현할 수 있다. 이 경우에는 *차이*가 미지수가 된다. 이 문제에서는 카렌이 갖고 있는 책의 수, 즉 더 큰 수량이 전체로 간주되며, 제니가 갖고 있는 책의 수가 하나의 부분이고 다른 책들의 수(차이)가 나머지 부분이 된다. 이 상황은 뺄셈 5 − 2 = □ 또는 덧셈 2 + □ = 5를 사용하여 기호로 나타낼 수 있다.

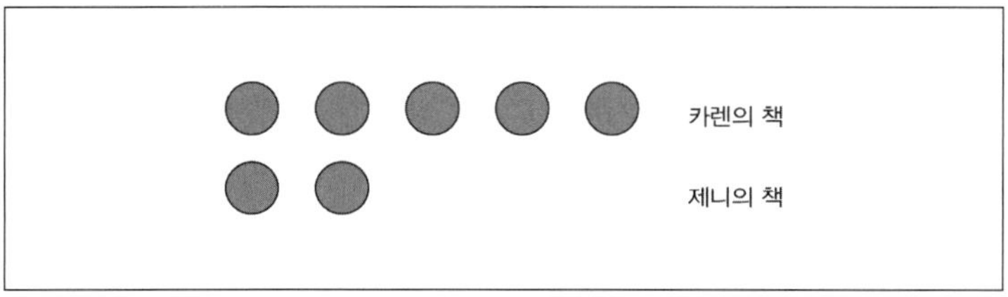

[그림 1.20] 5와 2 비교하기를 나타내는 셈돌

예 10의 상황도 비교하기에 관한 것이다.

예 10 : [그림 1.21]에서 선분의 길이는 몇 인치인가?

이 상황에서 우리는 수직선 위의 2와 5 간의 거리나 두 수 사이에 있는 단위의 수를 구하여 선분의 길이를 알 수 있다. 차이를 구하는 이러한 상황은 비교 상황으로 간주된다. 이때 전체(선분의 오른쪽 끝의 위치)와 한 부분(선분이 시작되는 왼쪽 끝의 위치)을 알고, 이 둘 사이의 부분(차이)을 구해야 한다. 이와 같은 상황은 덧셈 2 + □ = 5 또는 뺄셈 5 − 2 = □를 사용하여 기호로 표현할 수 있다.

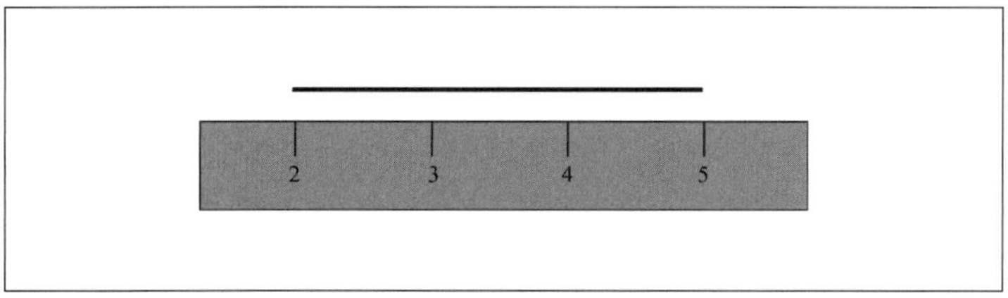

[그림 1.21] 비교 상황으로서의 길이

수직선을 이용하여 비교 상황을 표현하는 아이디어는 중요하다. [생각해보기 1.6]은 가능한 것들을 탐구하는 내용이다.

생각해보기 1.6

비교에 관한 다른 상황들을 생각해 보라.
이 상황들은 자를 이용하여 물체의 길이를 구하는 것과 어떻게 유사한가?
이 상황들은 수직선을 이용하여 두 수 사이의 차이를 구하는 것과 어떻게 유사한가?

예 11은 비교 상황의 또 다른 유형을 보여준다.

예 11 : 짐은 구슬 2개를 갖고 있다. 사라는 짐보다 구슬 3개를 더 갖고 있다. 사라는 몇 개의 구슬을 갖고 있는가?

이 사례는 차이를 알고 있고 더 큰 수량이 미지수인 비교 상황을 나타낸다. [그림 1.22]는 이러한 상황을 구체물로 표현하기 위하여 셈돌 2개를 한 줄로 나열하고(출발량 부분), 이어서 다음 줄에 처음 2개와 더 많은 3개(다른 부분)에 해당하도록 대응시키며 셈돌들을 배열한 것이다.

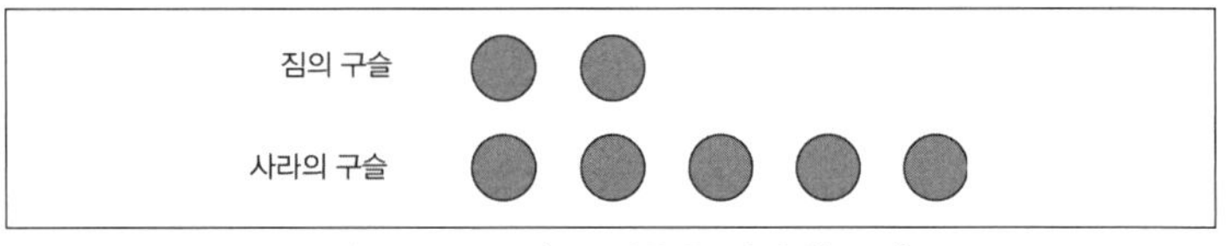

[그림 1.22] 2보다 3 많음을 나타내는 셈돌

이 문제에 답하기 위해서는 사라가 갖고 있는 구슬의 수(전체)를 구해야 한다. 짐이 갖고 있는 구슬의 수가 한 부분을 이루며, 사라가 갖고 있는 구슬 중 더 많은 양에 해당하는 수는 다른 부분을 이룬다. 일반적인 기호적 표현은 식 $2+3=\square$이지만, 뺄셈 $\square-2=3$으로 나타낼 수도 있다.

예 12는 또 다른 유형의 비교 상황을 보여준다.

예 12 : 엘렌은 인형 5개를 갖고 있다. 그녀는 신디보다 인형이 2개 더 많다. 신디는 인형 몇 개를 갖고 있는가?

예 11의 상황과 마찬가지로 이 또한 차이를 알고 있는 비교 상황이지만, 이번에는 *작은* 수량이 미지수이다. [그림 1.23]에 이 상황을 구체물로 표현하는 한 가지 방법이 제시되어 있다. 셈돌이 5개씩 두 줄로 놓여 있고 신디의 인형 집합에서 차이(2)만큼을 지운다. 만약 큰 수량의 인형의 수를 전체라고 한다면, 차이는 한 부분이 되고 다른 부분은 신디가 갖고 있는 인형의 수인 것이다.

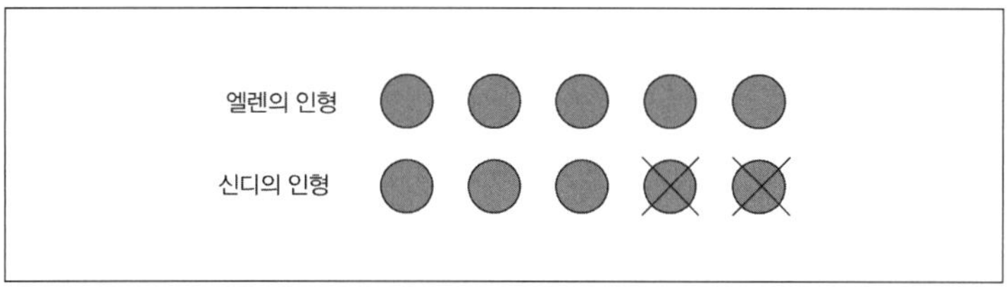

[그림 1.23] 5보다 2 적음을 나타내는 셈돌

이 상황을 구체물로 간단히 모델링하는 대안적인 방법은 엘렌의 인형을 의미하는 셈돌 5개 한 세트만을 사용하여 차이만큼 지우는 것이다. (대안적인 표현은 필수 이해 1d와 관련하여 다음 절에서 더 논의할 것이다) 이를 기호로 나타내면 뺄셈 $5-2=\square$ 또는 덧셈 $5=2+\square$ 둘 다 가능하다.

지금까지 제시한 열두 가지 사례들은 조금씩 상이한 문제 상황을 나타내지만, 각각은 모두 부분－부분－전체 관계로 해석될 수 있다. 이 사례들은 구체물과 그림으로 모델링될 수 있다. 또한 덧셈이나 뺄셈을 이용한 기호로 표현이 가능하다.

필수 이해 1d
부분－부분－전체 관계는 $a+b=c$ 또는 $c-b=a$ (이때 a와 b는 부분, c는 전체)와 같은 수식을 사용하여 표현이 가능하다.

4) 부분－부분－전체 관계와 수식

필수 이해 1d. 부분－부분－전체 관계는 $a+b=c$ 또는 $c-b=a$ (이때 a와 b는 부분, c는 전체)와 같은 수식을 사용하여 표현이 가능하다.

지금까지 논의된 사례에서 문제 상황을 하나의 전체를 이루는 두 부분과 관련지어 설명할 수 있음을 알아보았다. 각 경우에서, 덧셈이나 뺄셈은 (또는 둘 다) 문제를 풀기 위해 사용 가능한 적절한 연산임을 확인하였다. 이 사례들은 다음의 두 가지 중요한 기준에도 부합한다.

1. 부분들은 공통 원소를 갖지 않는다. 즉, 각 부분은 서로 겹치지 않는다.
2. 부분들은 빠진 것 없이 완전하다. 즉, 전체는 부분 이외의 대상을 포함하지 않는다.

다음의 두 가지 사례는 이러한 기준을 만족하지 않는 상황을 보여준다.

예 13에서 단순한 것처럼 보이는 상황을 살펴보자.

예 13 : 두 가족이 해변에 가고 있다. 한 가족은 5명이고 다른 가족은 6명이다. 모두 몇 명이 해변에 가고 있는가?

이 문제를 접하는 대부분의 사람들은 [그림 1.24 a]처럼 11명이 해변에 가고 있다고 생각할 것이다. 그러나 이는 옳은 답이 아닐 수 있다. 한 가족의 누군가가 다른 가족에 있어서 딸인 상황을 가정해보자. 이 경우 [그림 1.24 b]와 같이 두 그룹은 겹치기 때문에, 단지 더해서 전체 인원수를 구할 수 없다. 더하거나 뺄 때, 부분들은 서로 겹치지 않거나 *서로소* 집합이어야 한다. 각 부분은 하나의 집합이고 이 집합들의 합집합이 전체가 된다.

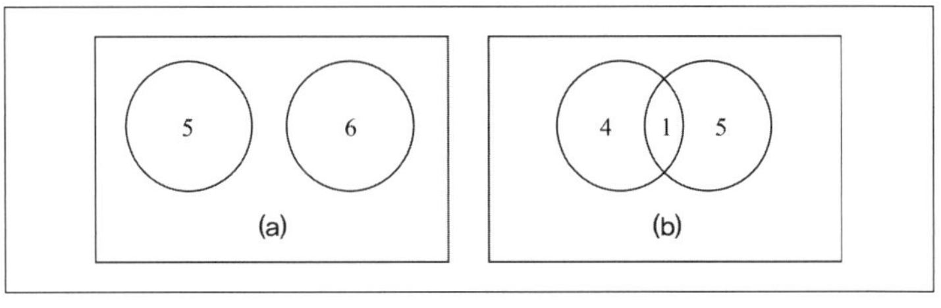

[그림 1.24] (a) 서로소 그룹과 (b) 중복되는 그룹의 두 가족

예 14는 전체에 있어서 부분들의 가능한 배열이나 조합에 관한 상황을 보여준다.

> 예 14 : 할은 공 5개를 갖고 있다. 몇 개는 빨간색이고 몇 개는 파란색이다. 할이 갖고 있는 빨간색 공과 파란색 공은 각각 몇 개인가?

이 상황에서 할은 빨간색과 파란색 공뿐만 아니라 노란색, 초록색 또는 다른 색 공을 갖고 있을 수 있다. 그러나 만약 할이 *단지* 빨간색과 파란색 공만을 갖고 있다고 가정한다면, '5가 되는' 가능한 방법들을 모두 찾아야 한다. 아래에서 보이는 바와 같이 5를 전체로 보고 5가 두 부분으로 나뉘거나 분해될 수 있는 모든 방법들을 결정하는 것은 덧셈과 뺄셈을 이해하는 데 기초가 된다.

$5 = 4 + 1$ $5 = 3 + 2$ $5 = 2 + 3$ $5 = 1 + 4$

5와 같은 특정 수를 분해하는 다양한 방법을 알면, [생각해보기 1.7]과 같이 임의의 수를 분해하는 것과 관련된 상황에 보다 쉽게 접근할 수 있다.

생각해보기 1.7

수식에서 어떤 패턴을 찾을 수 있는가?

5=4+1, 5=3+2, 5=2+3, 5=1+4

5=4+1과 5=1+4를 둘 다 포함하는 것은 왜 중요한가?
두 수의 합으로 10을 만드는 방법을 모두 열거하라.
몇 가지 방법이 있는가?

5) 다양한 방법으로 상황 표현하기

필수 이해 1e. 문제 상황의 맥락과 그 해석은 다양한 표현을 만들 수 있다.

앞서 논의한 대부분의 사례들에서 문제 상황을 기호로 나타내기 위해 하나 이상의 적당한 수식이 선택되었다. 어느 것이 보다 적절한 선택인지는 문제 상황이 해석되는 방법에 달려 있다.

예 15의 상황을 살펴보자.

> 예 15 : 아나는 엽서 8장을 가지고 있고 6장에만 우표가 붙어 있다. 몇 개의 우표가 더 필요한가?

이 문제에 대한 해석 중 하나는, 아나는 우표 8개가 필요한데 6개만 갖고 있으므로 6에서 8이 되기 위해 어떤 수를 더해야 할지 구하는 것이다. 이렇게 해석할 경우 아나가 갖고 있는 우표 6개로 이루어진 한 부분과 아나에게 필요한 우표의 수로 구성된 다른 부분의 '모으기'에 관한 부분−부분−전체 관계로 상황을 표현할 수 있다. 따라서 아나의 상황은 수식 6+□=8로 이어지는 가수가 미지인 상황으로 해석된다. 아니면 이 상황은 일대일 대응 또는 비교 상황으로 해석될 수도 있다. 즉, 8은 6보다 얼마나 더 많은가? 이 경우 적절한 기호적 표현은 8−6=□일 것이다. 관련된 덧셈 구구를 생각하여 뺄셈을 하는 학생들은 가수가 미지인 표현이 동치 뺄셈보다 더 유용하다는 것을 알게 될 것이다. 덧셈이나 뺄셈은 부분−부분−전체 관계를 나타내는 데 적절한 방법이다.

위에서 논의한 수식 중 일부에서, 전체는 등호의 오른편이 아닌 왼편에 놓여 있었다. 오른편과 왼편에 놓인 두 식은 서로 동치이기 때문에, 전체를 등호의 어느 쪽에 놓느냐는 문제가 되지 않는다. [생각해보기 1.8]의 질문에 대해 생각할 때, 아동들의 관점을 알아보기 위해 이에 대한 여러분의 이해를 잠시 보류하자.

생각해보기 1.8

> 많은 아동들은 답을 쓰기 전에 항상 등호가 먼저 나와야 한다고 생각한다.
> 그런 아동은 다음 수식을 어떻게 완성할 것인가 : 2+6=□+4

핵심 아이디어 2

덧셈과 뺄셈의 절차

자연수의 덧셈과 뺄셈의 계산 절차를 이해하기 위한 수학적 기초는 덧셈의 성질과 자릿값이다.

Big idea

우리가 전통적인 지필 알고리즘, 암산, 어림, 개발된 알고리즘 중 무엇을 이용하여 계산하든지 간에 덧셈의 성질과 자릿값은 각 절차에 대해 이해하기 위한 기초를 제공한다. 핵심 아이디어 2에 관한 필수 이해의 검토는 이러한 사실을 드러내어 준다.

1) 교환법칙과 결합법칙

필수 이해 2a. 자연수의 덧셈에 대한 교환법칙과 결합법칙은 계산을 능숙하게 하도록 한다.

앞서 제시된 필수 이해 1d의 예 14에서, 할은 공 5개를 갖고 있으며 그 중 몇 개는 빨간색이고 몇 개는 파란색이다. 빨간색과 파란색 공의 가능한 조합 목록은 식 $1+4$와 $4+1$이 이 경우에 서로 다르게 해석될 수 있다는 사실을 보여주며, 그것은 하나의 수는 빨간색 공의 수를 나타내고 또 다른 하나는 파란색 공의 수를 나타내기 때문이다. 그러나 보다 일반적으로는 빨간색 공이나 파란색 공 중 처음에 어떤 공을 놓는지는 상관이 없다. 왜냐하면 $1+4$는 $4+1$과 결과적으로 같기 때문이다. 자연수의 덧셈에 대한 교환법칙은 보통 $a+b=b+a$로 진술된다. 학생이 변수를 사용하여 교환법칙을 언급하거나 그 명칭을 인식할 필요는 없을지라도, 위의 공 문제의 해결에서 그 성질을 설명하고 이용할 수 있어야 함은 필수적이다.

> **필수 이해 1d**
> 부분-부분-전체 관계는 $a+b=c$ 또는 $c-b=a$ (이때 a와 b는 부분, c는 전체)와 같은 수식을 사용하여 표현이 가능하다.

교환법칙은 덧셈을 매우 간편하게 만들어주며, 학생들이 수구구를 배울 때 특히 그렇다. $3+8$은 $8+3$과 같기 때문에 학생들은 큰 수에서부터 '이어 세기' 전략을 통해 합을 구할 수 있다. 교환법칙의 사용은 학생들이 암기해야 하는 덧셈 구구의 수를 100개에서 55개로 줄여 준다. 이 사실은 [그림 1.25]의 덧셈표에서 확인할 수 있다. (음영 표시된) 대각선에 대하여 대칭이며, $a+b$와 $b+a$의 답(또는 전체)은 대각선을 기준으로 반대편에 곧바로 나타난다.

	0	1	2	3	4	5	6	7	8	9
0	0	1	2	3	4	5	6	7	8	9
1	1	2	3	4	5	6	7	8	9	10
2	2	3	4	5	6	7	8	9	10	11
3	3	4	5	6	7	8	9	10	11	12
4	4	5	6	7	8	9	10	11	12	13
5	5	6	7	8	9	10	11	12	13	14
6	6	7	8	9	10	11	12	13	14	15
7	7	8	9	10	11	12	13	14	15	16
8	8	9	10	11	12	13	14	15	16	17
9	9	10	11	12	13	14	15	16	17	18

[그림 1.25] 덧셈 구구표

또한 큰 수의 암산에서 덧셈에 대한 교환법칙을 이해하고 이용하는 능력은 매우 중요하다. 예를 들어, $17+135$를 암산할 때, 135에서 시작하여 17을 세는 것이 17에서 시작하여 135를 세는 것보다 훨씬 쉽다.

예 16에서 또 다른 덧셈의 성질의 유용성을 살펴보자.

예 16 : 브라운 선생님은 학생들에게 덧셈 문제를 내려고 3개의 주사위를 굴렸다. 5, 6, 4가 나왔다면 합은 얼마인가?

합을 구하는 방법 중 한 가지는 순서대로 더하는 것이다([그림 1.26] 참조). 다른 방법은 합이 10이 되도록 뒤의 두 수를 먼저 더하는 것이다([그림 1.27] 참조). 덧셈의 결합법칙은 더하는 수들을 다시 묶을 수 있도록 해 준다. 이는 일반적으로 다음과 같이 형식화하여 표현할 수 있다.

$$a+(b+c)=(a+b)+c$$

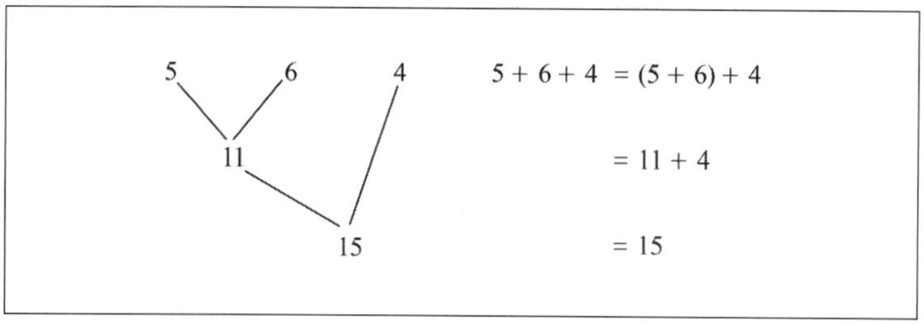

[그림 1.26] 덧셈 (5+4)+4

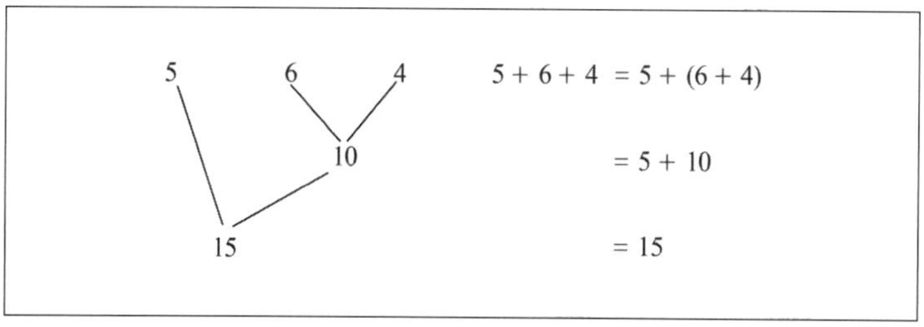

[그림 1.27] 덧셈 5+(6+4)

결합법칙을 능숙하게 이용하는 것은 수 감각을 잘 발달시키는 데 있어서 중요하다.

수 세기의 이해를 개발하면서, 학생들은 하나의 수가 두 부분의 합으로 분해되는 여러 가지 방법이 가능하다는 것을 배운다. 예를 들어, $8=5+3$, $8=4+4$, $8=2+6$ 등으로 분해될 수 있다. 수 분해에 대한 이와 같은 표기와 결합법칙 및 교환법칙을 연결시키는 것은 대부분의 덧셈과 뺄셈 구구 전략의 기초가 된다. 아동들이 작은 수의 덧셈을 할 때 사용하는 전략 중 하나는 '10 만들기' 전략이다. 이 전략을 구체적으로 모델화하기 위하여 [그림 1.28]의 10틀에서 보이는 8과 5를 살펴보자.

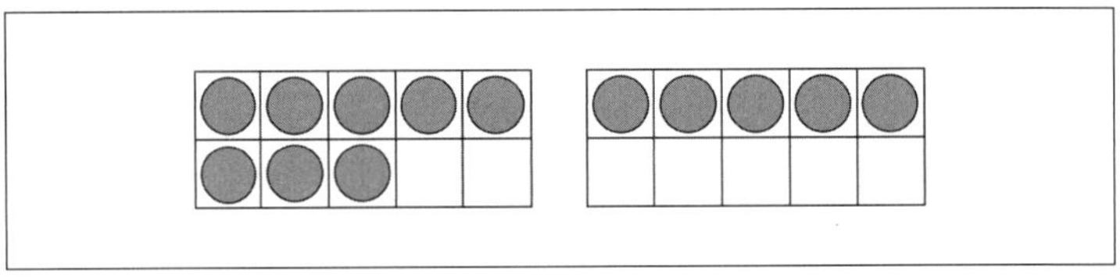

[그림 1.28] 10틀에서의 이어 세기 모델

8과 5의 합을 구하기 위해 5를 2+3으로 나눌 수 있다. 그리고 오른쪽에 있는 셈돌 2개를 왼쪽으로 옮겨올 수 있다. 그러면 [그림 1.29]와 같이 8+2는 10이 되고, 10+3=13이 된다. 이 모델을 식으로 형식화하여 나타내면, 5의 분해에 이어 덧셈의 결합법칙이 사용된 것을 볼 수 있다.

$$8+5=8+(2+3)=(8+2)+3=10+3=13$$

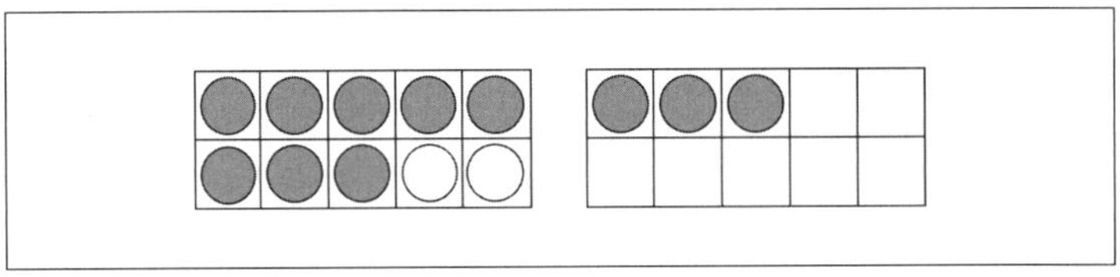

[그림 1.29] '10 만들기' 전략의 사용

곱셈과 나눗셈의 교환법칙과 결합법칙, 그리고 계산 전략에서 각 성질의 역할에 대한 논의는 「곱셈과 나눗셈의 필수 이해 : 3학년~5학년까지」(Otto 외, 2011)를 참고하시오.

큰 수의 계산을 간단히 하기 위하여 유사한 전략을 사용할 수 있다. 예를 들어, 78+26을 구하기 위하여 교환법칙과 결합법칙을 사용하는 한 가지 방법은 75와 25를 묶어 100을 기준 수로 삼는 방법이다.

$$\begin{aligned}78+26&=(3+75)+(25+1) && \text{각각의 가수 분해}\\&=3+(75+(25+1)) && \text{덧셈의 결합법칙}\\&=3+((75+25)+1) && \text{덧셈의 결합법칙}\\&=3+(100+1) && \text{덧셈}\\&=3+(1+100) && \text{덧셈의 교환법칙}\\&=(3+1)+100 && \text{덧셈의 결합법칙}\\&=4+100=104 && \text{덧셈}\end{aligned}$$

또는 80을 기준 수로 이용할 수도 있다.

$78+26=78+(2+24)$	둘째 가수의 분해
$=(78+2)+24$	덧셈의 결합법칙
$=80+24$	덧셈
$=80+(20+4)$	둘째 가수의 분해
$=(80+20)+4$	덧셈의 결합법칙
$=100+4=104$	덧셈

실제로, 10의 배수나 100을 기준 수로 사용하고 덧셈의 성질을 사용하여 $78+26$의 합을 구하는 수많은 방법을 찾을 수 있다. [생각해보기 1.9]에서 이러한 전략의 사용에 대해 탐구한다.

생각해보기 1.9

다음의 합을 구하기 위하여 덧셈의 교환법칙과 결합법칙이 유용한 방법을 두 가지 이상 찾아라.

$97+105$ $\qquad$ $347+454$

결합법칙은 또한 한 자리 수의 합을 구하기 위해 알고 있는 덧셈 구구를 이용하는 전략의 기초가 된다. 이 전략은 사실상 '10 만들기' 전략의 일반형이라고 할 수 있지만 다른 수 만들기에서도 쓰일 수 있다. 예를 들어, $7+8$을 구해야 하고 $7+4=11$을 안다고 가정해보자. 그러면 8을 $4+4$로 나누고 각 부분을 따로 더할 수 있다.

$$7+8=7+(4+4)=(7+4)+4=11+4=15$$

학생들이 이러한 전략을 자주 적용하는 또 다른 유형의 문제는 '거의 두 배 전략(near doubles) – 서로 거의 같은 두 가수'와 관련이 있다. 학생들은 대부분 $7+7=14$와 같은 두 배의 덧셈 구구를 기억하기 때문에 이 구구를 이용하여 다른 덧셈을 할 수 있다. 예를 들어, 다음과 같이 덧셈을 해결한다.

$$7+8=7+(7+1)=(7+7)+1=14+1=15$$

덧셈의 결합법칙은 또한 3, 4학년에서 여러 개의 수를 세로셈으로 더할 때 매우 유용하다.

$$\begin{array}{r} 44 \\ 65 \\ 36 \\ 77 \\ 28 \\ +\ 82 \\ \hline \end{array}$$

학생들은 일의 자리에서 더하여 10이 되는 조합을 찾으려고 하면서 '10 만들기' 전략을 이용할 수 있다.

$$4+6=10 \quad \text{그리고} \quad 8+2=10$$

일의 자리에서 이와 같은 접근은 결합법칙과 교환법칙 양자의 사용을 모두 필요로 한다는 것에 유의하자.

$$\begin{aligned}(4+5+6)+7+(8+2) &= (4+(6+5))+7+10 \\ &= ((4+6)+5)+7+10 \\ &= 10+(5+7)+10 \\ &= 10+(12+10) \\ &= 10+(10+12) \\ &= (10+10)+12 \\ &= 20+12=32\end{aligned}$$

학생들은 같은 문제에서 십의 자리를 계산할 때도 마찬가지로 '100 만들기' 과정을 이용할 수 있으며, 먼저 $40+60=100$, $30+70=100$, $20+80=100$과 같이 100을 만드는 조합을 찾는다. 그리고 $300+32=332$를 구할 것이다. 여기서 설명한 '100 만들기' 과정은 수많은 변형이 가능하며, 이 변형들이 모두 옳고 타당하다는 것에 주의하자.

2) 뺄셈 : 교환법칙이나 결합법칙이 성립하지 않는다.

필수 이해 2b. 자연수의 뺄셈에서는 교환법칙이나 결합법칙이 성립하지 않는다.

뺄셈은 덧셈과 성질이 다르다. 두 식 $5-2$와 $2-5$를 생각해 보자. 두 식은 2와 5 사이의 거리를 구하는 것과 관련되지만, 이 둘은 동일한 의미를 지니지 않는다. 첫째 식은 "5 빼기 2"로 읽거나 "5와 2의 차"라고 읽고, 둘째 식은 "2 빼기 5"나 "2와 5의 차"라고 읽을 수 있다. 첫째 경우에서 수식에 의미를 넣어 해석하면 '셈돌 5개에서 시작하여 2개를 덜어내면 셈돌 3개가 남는다.'이다. 둘째의 경우도 마찬가지로 식 $2-5$에 의미를 부여하면 '셈돌 2개에서 시작하여 5개를 덜어낸다.'이다. 어린 아동들이 이 상황을 이해할 수 있을지라도, 그들은 2개를 덜어낼 수 있지만 아직도 3개를 더 덜어내야 한다. 즉, 아동들은 훨씬 나중에 수의 범위가 음수로 확장됨으로써 정답이 -3이라는 것을 발견할 때, 그렇게 하는 것이 가능하다는 것을 배우게 된다. 뺄셈은 교환법칙이 성립하지 않으므로 뺄셈식에서는 각 항의 순서가 중요하다. [생각해보기 1.10]은 학생들이 뺄셈에서 자주 범하는 오류를 자세히 보여준다.

생각해보기 1.10

학생들이 "작은 수에서 큰 수를 뺄 수 없어요."라고 주장한다면, 그들은 어떤 오개념을 갖고 있는 것인가?

뺄셈에서는 결합법칙 역시 성립하지 않는다. 법칙은 모든 가능한 수의 조합에 대해 성립해야 하는 것이기 때문에, 우리는 뺄셈에 대하여 한 가지 예만 들어도 결합법칙이 성립하지 않는다는 것을 보일 수 있다. 15, 8, 5의 뺄셈을 생각해 보자.

$$(15-8)-5=7-5=2$$
$$15-(8-5)=15-3=12$$

두 식 $(15-8)-5$와 $15-(8-5)$의 값은 같지 않으므로 뺄셈은 결합법칙이 성립하지 않는다.

앞서 자연수의 덧셈에 대한 결합법칙의 응용으로 보인 '10 만들기' 전략은 뺄셈에도 적용될 수 있다. 15−7을 할 때, [그림 1.30 a]와 같이 두 개의 10틀에 놓인 15에서 시작할 수 있다. 7을 5+2로 생각하여 먼저 5를 덜어내면 10이 남는다([그림 1.30 b]). 그리고 2개를 더 덜어내면 [그림 1.30 c]와 같이 10−2=8이다.

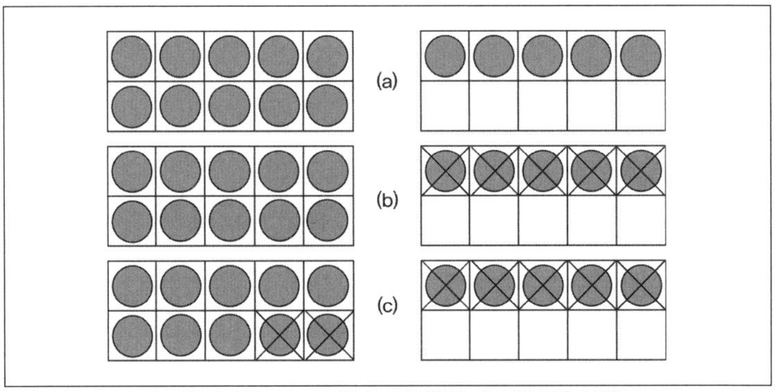

[그림 1.30] 15−7에서 '10 만들기' 전략의 사용

'10 만들기'가 뺄셈에서 어떻게 성립하는지 형식적이고 기호적으로 보이기 위해서는 '정수'와 '정수의 성질'을 사용해야 하는데, 이는 교사에게는 친숙하지만 학생들에게는 그렇지 않다. 그러한 증명은 음수의 사용이 요구되기 때문에 저학년 아동들에게는 적합하지 않다는 것에 유의해야 한다. 이 증명에서는 양수 한 개를 뺄 때 그 수의 역수 또는 반수를 더하게 되는데, 이러한 절차를 '뺄셈의 정의'라고 칭할 수 있다. 또한 어떤 수의 반수는 그 수와 -1을 곱한 수와 같으며 $-x=-1(x)$이다. 이러한 성질은 아래의 분석에 있는 '-1 곱하기'라고 부를 수 있다.

$c-(a+b)=c+-(a+b)$	뺄셈의 정의
$=c+(-1)(a+b)$	-1 곱하기
$=c+((-1)\cdot a+(-1)\cdot b)$	덧셈에 대한 곱셈의 분배법칙
$=(c+(-1\cdot a))+(-1\cdot b)$	덧셈의 결합법칙
$=(c-a)-b$	-1 곱하기

그러므로 $15-7=15-(5+2)=(15-5)-2=10-2=8$이다.

덧셈의 경우처럼, 여러 자리 수의 뺄셈에서 '10 만들기' 전략을 '100 만들기'나 '1000 만들기' 혹은 '10의 배수 만들기' 전략으로 확장할 수 있다. 다음의 한 가지 예를 생각해 보자.

$$1002-17=1002-(2+15)=(1002-2)-15=1000-15=985$$

암산은 17을 $2+15$로 분해하고 이어서 -1 곱하기를 분배하는 것과 관련이 있다.

3) 자릿값과 합성

필수 이해 2c. 자릿값 개념은 덧셈과 뺄셈을 용이하게 하기 위해 수를 합성하고 분해하는 편리한 방법을 제공한다.

수의 합성과 분해는 수를 조합하고 부분과 전체로 분리하는 것과 관련된다. 십진기수법에서 10 단위로 모으면, 그것은 더 큰 단위로 받아 올릴 수 있게 된다. 낱개 10개는 십의 자리 1을 만들고, 십의 자리 10개는 백의 자리 1을 만든다. 각각의 새로운 단위의 크기는 새 자릿값을 결정한다. 따라서 수에서 하나의 숫자는 그것의 위치에 따라 서로 다른 양을 나타낸다. 숫자 2는 562에서 2를 나타내고 526에서는 20을, 256에서는 200을 나타낸다.

자릿값에 대한 보다 많은 아이디어를 보려면, 「수와 기수법의 필수 이해 : 유아·유치원~2학년까지」(Dougherty 외, 2010)를 참고하시오.

자릿값은 덧셈과 뺄셈에서 암산을 할 때 매우 유용하다. 예를 들어, $46+30$을 구할 때, 단순하게 3개의 10을 46에 더하고 있다는 것을 인식하는 것은 도움이 된다. 46에서부터 10씩 세어, 56, 66, 76까지 세어 나갈 수 있다.

마찬가지로 $46+32$를 구하기 위해 십의 자리와 일의 자리로 각 수들을 분해할 수 있다. 암산을 할 때 많은 사람들이 왼쪽에서 오른쪽으로 계산한다. 이는 다음과 같이 생각할 수 있다.

$$46+32=(40+6)+(30+2)=(40+30)+(6+2)=70+8=78$$

어림은 자릿값 개념에 크게 의존한다. 합이나 차를 어림하기 위해서는 주어진 수를 그것과는 가까우면서도 암산할 수 있는 수로 바꾸려고 할 것이다. 즉, $479-186$을 구하기 위하여 각각의 수를 가장 가까운 몇 백으로 올림하여 $500-200=300$이라고 할 수 있다. 가장 가까운 몇 백 몇 십으로 어림할 수도 있으나, $480-190$은 암산하기 힘들기 때문에, 이를 다음과 같이 생각할 수 있다.

$$480-200+10=280+10=290$$

$480-190$이 $490-190$이나 $480-180$과도 매우 가깝다는 것을 인식할 수 있다. 각각의 경우 자릿값에 대한 이해는 수를 유연하게 생각하고 계산을 간단하게 만들기 위해 수를 분해하고 합성하는 데 있어서 중요하다. [생각해보기 1.11]에서 그 가능성을 생각해보자.

생각해보기 1.11

수를 여러 가지 방법으로 합성하고 분해하여 다음의 합과 차를 구해 보라.

$48+23$	$93-38$
$376+127$	$738-129$

4) 연산의 성질과 알고리즘

필수 이해 2d. 덧셈의 성질은 계산 알고리즘이 옳음을 증명하는 데 중요하다.

알고리즘의 정확성을 증명하기 위하여 곱셈과 나눗셈의 성질 이용에 대한 논의를 보려면, 「곱셈과 나눗셈의 필수 이해 : 3학년~5학년까지」(Otto 외, 2011)를 참고하시오.

여러 자리 수들의 합과 차를 구하는 절차는 그것이 암산, 어림, 표준 지필 알고리즘이나 그 밖의 알고리즘이든지에 상관없이 덧셈의 성질에 기초한다. 다음의 필수 이해 2d의 첫째 논의는 수직선과 100까지의 수 배열표에서의 덧셈과 뺄셈에 관한 것이며, 이어서 다양한 덧셈과 뺄셈 알고리즘에 대하여 알아볼 것이다.

❶ 수직선 이용하기

덧셈과 뺄셈의 이해를 발달시키기 위한 두 가지 유용한 모델은 수직선과 100까지의 수 배열표이다. 각 경우에 학생들은 '이어 세기'와 '거꾸로 세기' 전략을 확장하여 두 자리 수의 덧셈과 뺄셈을 할 수 있다. 수직선이 그러한 추론에 있어서 필수적인 것은 아닐지라도, 덧셈과 뺄셈의 활동을 시각화하는 데에는 유용하다. 예컨대, [그림 1.31]과 같이, 38 + 16을 수직선에서 더할 때, 학생들은 먼저 38 + 10을 하고 '좋은' 수(10의 배수)를 얻기 위하여 2를 더하고, 그리고 마지막으로 4를 더하게 된다.

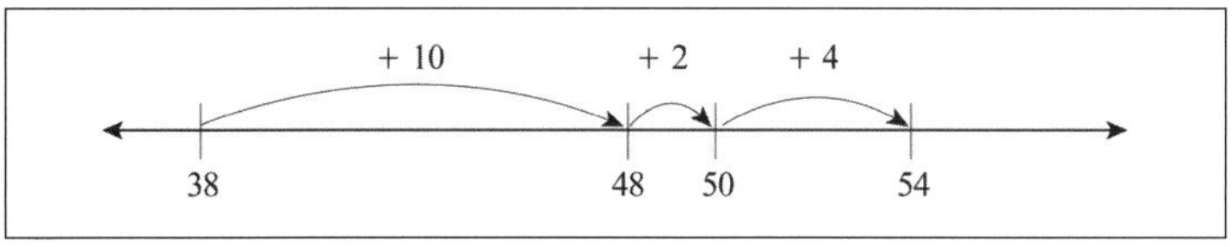

[그림 1.31] 38+16을 38+10+2+4로 수직선에 표현하기

이 덧셈의 또 다른 방법은 [그림 1.32]처럼, 38에서 시작하여 '좋은' 수를 얻기 위해 2를 더하고 마지막으로 14를 더하여 마치는 것이다. 각각의 경우에서 학생들은 다양한 방법으로 수를 가르고 또 다시 모으기 위하여 분해와 덧셈의 결합법칙을 이용한다.

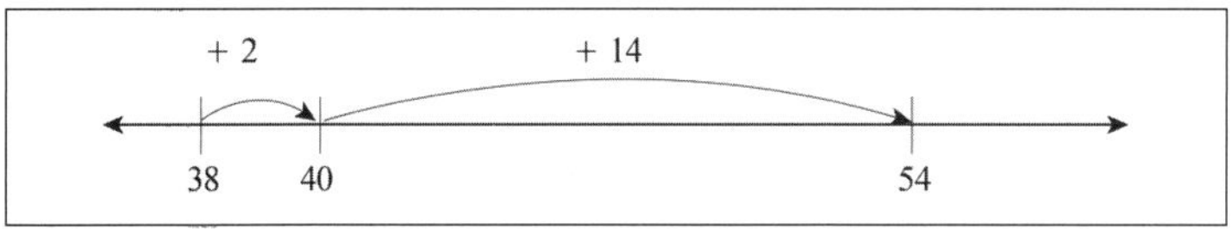

[그림 1.32] 38+16을 38+2+14로 수직선에서 표현하기

거꾸로 세기나 이어 세기로 뺄셈을 할 수 있다. 62 − 25를 구하기 위하여 62에서 시작하여 20을 거꾸로 세고, 10의 배수를 얻기 위해 2를 거꾸로 세어 빼고, 마지막으로 3을 거꾸로 세어 뺄 수 있다. 이 전략은 [그림 1.33]에 제시된다.

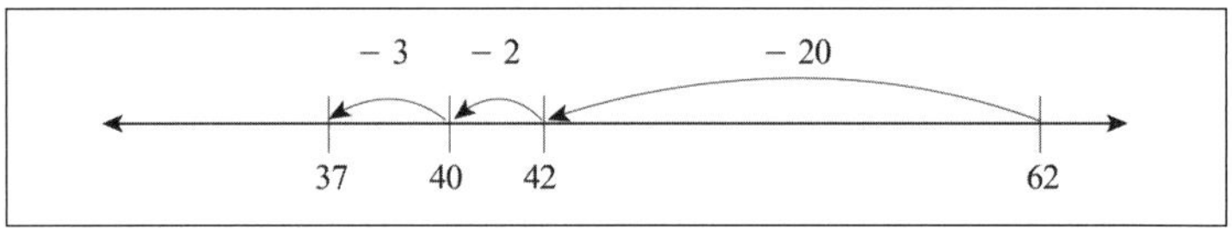

[그림 1.33] 62－25를 구하기 위한 수직선에서의 거꾸로 세기 표현

[그림 1.34]는 먼저 두 수를 수직선에 표시하고, 25에서 시작하여 이어 세기를 하는 것을 보여 준다. 이 전략을 사용할 때에는 중간에 있는 수들 사이의 차를 잘 따라가는 것이 중요하다. 그림의 예에서, 차는 $5+30+2=37$이다.

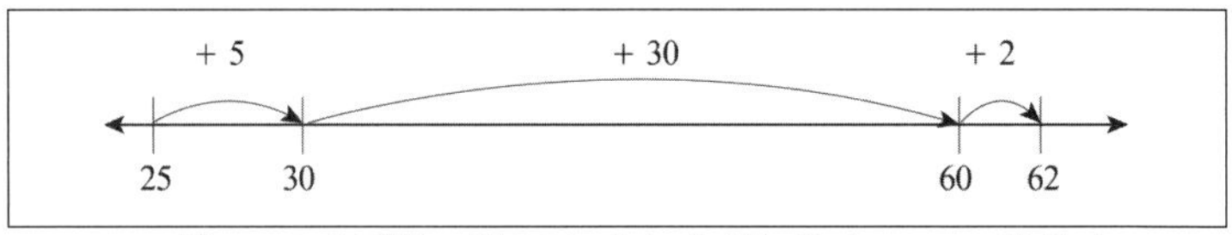

[그림 1.34] 수직선 표현으로 이어 세기를 하여 62－25 구하기

❷ 100까지의 수 배열표에서 해보기

[그림 1.35]와 같은 100까지의 수 배열표(또는 0－99까지의 수 배열표)는 일의 자리 열에 따라 숫자가 정렬되는 자릿값의 관계를 보여준다. 100까지의 수 배열표는 그 사이에 분수나 소수를 위한 공간이 없이 자연수만을 나타낸다는 점에서 수직선과는 다르다. 학생들은 덧셈과 뺄셈을 위해 100까지의 수 배열표를 이용함으로써 암산하는 데 매우 유익한 시각적 모델을 형성할 수 있다.

1	2	3	4	5	6	7	8	9	10
11	12	13	14	15	16	17	18	19	20
21	22	23	24	25	26	27	28	29	30
31	32	33	34	35	36	37	38	39	40
41	42	43	44	45	46	47	48	49	50
51	52	53	54	55	56	57	58	59	60
61	62	63	64	65	66	67	68	69	70
71	72	73	74	75	76	77	78	79	80
81	82	83	84	85	86	87	88	89	90
91	92	93	94	95	96	97	98	99	100

[그림 1.35] 100까지의 수 배열표

예를 들어, 38+16을 구할 때, 큰 수인 38에서 시작하는 '이어 세기' 전략을 이용할 수 있다. [그림 1.36]과 같이, 먼저 한 줄 아래로 이동함으로써 10을 더하고, 50을 얻기 위하여 2를 이어 세고, 그 다음 4를 이어 세면 끝난다.

31	32	33	34	35	36	37	38	39	40
41	42	43	44	45	46	47	48	49	50
51	52	53	54	55	56	57	58	59	60

[그림 1.36] 38+16을 나타내는 100까지의 수 배열표

62−25를 구할 때에는 거꾸로 세기나 이어 세기 둘 다를 이용할 수 있다. 거꾸로 세기를 하기 위하여 [그림 1.37]과 같이, 62에서 시작하여 25를 거꾸로 센다. 이를 위하여 두 줄을 거꾸로 세어 42까지 세고, 이어서 5를 거꾸로 세면 37이 된다.

31	32	33	34	35	36	37	38	39	40
41	42	43	44	45	46	47	48	49	50
51	52	53	54	55	56	57	58	59	60
61	62	63	64	65	66	67	68	69	70

[그림 1.37] 거꾸로 세기를 이용한 62−25를 나타낸 100까지의 수 배열표

[그림 1.38]과 같이, 이어 세기를 하기 위하여 25에서 시작하여 세 줄을 내려오면 55이고, 7을 이어 세면 62를 얻는다. 그 차는 30+7, 즉 37이다.

21	22	23	24	25	26	27	28	29	30
31	32	33	34	35	36	37	38	39	40
41	42	43	44	45	46	47	48	49	50
51	52	53	54	55	56	57	58	59	60
61	62	63	64	65	66	67	68	69	70

[그림 1.38] 이어 세기를 이용한 62−25를 나타낸 100까지의 수 배열표

다른 방법으로는, 25에서 시작하여 4줄을 내려와 65가 되고 거꾸로 3을 세어 62를 얻을 수도 있다. 이 경우에 차는 40−3,

즉 37이고 실제로는 25+40−3=65−3=62의 계산을 하는 것이다. [생각해보기 1.12]에 수직선과 100까지의 수 배열표에서 수행한 계산에 대한 분석이 제시되어 있다.

생각해보기 1.12

수직선과 100까지의 수 배열표에서 수행한 계산에서 덧셈의 성질의 역할은 무엇인가?

❸ 지필 덧셈의 표준 알고리즘

십진 블록은 '받아 올림'으로 알려진 덧셈의 절차를 구체적으로 나타내어 준다. 다시 [그림 1.39]의 38+16의 경우를 생각해 보자. 먼저, 38을 3개의 십 모형과 8개의 낱개 모형을 놓아 나타내고, 16을 1개의 십 모형과 6개의 낱개 모형으로 나타낼 수 있다. 그 다음, 9개보다 많은 낱개 모형이 있기 때문에, 이것들을 합하여 14를 만들거나 1개의 십 모형(그림에서 동그라미 친 낱개들)과 4개의 낱개 모형을 만들 수 있다. 그림의 오른쪽과 같이, 4를 이 덧셈의 일의 자리에 기록한다. 그리고 1개의 10을 38의 십의 자리 위에 1로 기록하고, 십의 자리 숫자들을 더한다. 1+3+1=5이다. 5를 십의 자리에 기록하며, 합은 54이다.

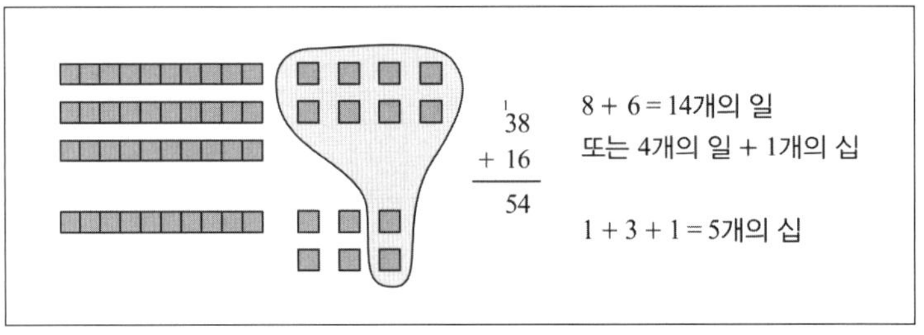

[그림 1.39] 십진 블록으로 덧셈의 표준 알고리즘 모델링하기

이 과정은 교환법칙과 결합법칙을 사용하여 형식적으로 증명할 수 있다.

$38+16=(30+8)+(10+6)$	자릿값
$=30+(8+10)+6$	덧셈의 결합법칙 (두 번)
$=30+(10+8)+6$	덧셈의 교환법칙
$=(30+10)+(8+6)$	덧셈의 결합법칙 (두 번)
$=40+14$	덧셈
$=40+(10+4)$	자릿값
$=(40+10)+4$	덧셈의 결합법칙
$=50+4$	덧셈
$=54$	자릿값

이러한 형식적 증명은 교사를 위한 것임에 주의하자. 즉, 학생들은 자신의 계산에 대해 설명할 때 이와 같은 언어나 형식화된 것을 사용하지 않는다.

❹ 또 다른 덧셈 알고리즘

여러 자리 수 덧셈의 또 다른 방법은, 위에서 형식적으로 보인 것과 동일한 성질들을 주로 사용하지만 받아 올림 방법에 관한 것은 아니다. 이 방법, 즉 '부분합' 알고리즘은 각 자리의 수들을 따로 더하고, 그 합을 더하는 것이다. 이러한 절차는 [그림 1.40]의 (a), (b)와 같이 왼쪽에서 시작하거나, (c)와 같이 오른쪽에서 시작한다.

$$\begin{array}{r} 38 \\ +\ 16 \\ \hline 40 \\ +\ 14 \\ \hline 54 \end{array} \qquad \begin{array}{r} 128 \\ 258 \\ +\ 691 \\ \hline 900 \\ 160 \\ +\ 17 \\ \hline 1017 \end{array} \qquad \begin{array}{r} 2385 \\ 1239 \\ +\ 4528 \\ \hline 22 \\ 130 \\ 1000 \\ +\ 7000 \\ \hline 8152 \end{array}$$

(a) (b) (c)

[그림 1.40] 부분합 알고리즘을 사용한 덧셈

그러나 학생들이 이따금 배우는 또 다른 덧셈 알고리즘은

‘더하고 빼기’ (또는 ‘반수 바꾸기’ 또는 ‘주고받기’)[2)]라고 불리는 알고리즘이다. 이 절차의 목표는 더하기 쉽도록 10의 배수(또는 100이나 1000)를 만들기 위해 수들 중에서 하나를 바꾸는 것이다. 가수 중 하나에 임의의 수를 더하고 다른 가수에서 그만큼을 빼면 된다. 이것은 앞서 논의했던 ‘10 만들기’ 전략과 유사한데, 이는 다음의 간단한 예로 설명할 수 있다.

$$9+7=(9+1)+(7-1)=10+6=16$$

[그림 1.41]은 다소 심화된 예를 보여준다. 10의 배수를 만들기 위해 처음 수에서 4를 빼고, 둘째 수에 4를 더해준다. 좀 더 복잡한 [그림 1.42]의 예에서는 합을 결정하기 위한 두 번의 조정이 이루어진다.

$$\begin{array}{rcr} 38 & \xrightarrow{-4} & 34 \\ +\ 16 & \xrightarrow{+4} & +\ 20 \\ \hline & & 54 \end{array}$$

[그림 1.41] 덧셈을 간단히 하기 위해 4를 빼고 더하기

$$\begin{array}{rcrcr} 428 & \xrightarrow{+2} & 430 & \xrightarrow{+70} & 500 \\ +\ 576 & \xrightarrow{-2} & +\ 574 & \xrightarrow{-70} & +\ 504 \\ \hline & & & & 1004 \end{array}$$

[그림 1.42] ‘더하고 빼기’ 알고리즘에서 두 단계로 조정하기

왜 이러한 절차가 옳은 답을 내는가? 일반적 사례인 $a+b$에 c를 더하고 빼는 경우를 생각해보자.

---

2) [역자 주] 원문에는 ‘반수 바꾸기(opposite change)’(또는 ‘주고받기’ 또는 ‘더하고 빼기’)로 제시되어 있으나, 이해를 돕기 위하여 위와 같이 순서를 달리하여 제시하였다.

$(a+c)+(b-c)=a+(c+(b-c))$	덧셈의 결합법칙
$=a+((c+b)+(-c))$	덧셈의 결합법칙, 뺄셈의 정의
$=a+((b+c)+(-c))$	덧셈의 교환법칙
$=a+(b+(c+(-c)))$	덧셈의 결합법칙, 덧셈에 대한 역원
$=a+(b+0)$	덧셈의 항등원
$=a+b$	

여기서 덧셈의 두 가지 성질이 사용되었다. 어떤 수 x는 덧셈에 대한 역원으로 $x+(-x)=x-x=0$이 되는 반수인 $-x$를 지닌다. 학생들은 "어떤 수와 그것의 반수의 합은 0이다." 라고 말함으로써 이 성질을 강조할 것이다. 그러나 초등학교 단계에서는 음수를 사용하지 않기 때문에 이 아이디어는 대부분 단순하게 "어떤 수 빼기 자기 자신은 0이다." 정도로 언급된다. 덧셈의 항등원은 0이고, 0은 다른 수의 값을 변하게 하지 않은 채 그 어떤 수에도 더해질 수 있다. 우리는 대개 이러한 덧셈의 항등원의 성질을 기호적으로 $0+x=x=x+0$이라고 쓴다.

대안적인 전략을 증명하기 위하여 곱셈과 나눗셈의 성질 이용에 관한 논의를 보려면, 「곱셈과 나눗셈의 필수 이해 : 3학년~5학년까지」(Otto 외, 2011)를 참고하시오.

학생들은 이러한 성질을 먼저 덧셈 구구나 뺄셈 구구를 배우면서 사용하게 되고, 이를 고학년에서 방정식을 풀거나 대수식을 간단히 할 때 계속 사용한다. [생각해보기 1.13]은 부분합 사용과 더하고 빼기 알고리즘의 사용을 탐구한다.

생각해보기 1.13

'부분합'과 '더하고 빼기' 알고리즘을 사용하여 다음의 합을 구하라.

$36+58$ $296+375$ $1357+8642$

❺ 뺄셈의 표준 알고리즘

십진 블록은 뺄셈 알고리즘을 설명하는 데 있어서 유용하며 아마도 오늘날 가장 널리 쓰이고 있을 것이다. 십진 블록을 사용하는 절차는 일의 자리에서 시작하고 필요한 경우 받아 내림을 하면서 왼쪽으로 옮겨 계산하는 것이다. [그림 1.43]에 그 예가 제시되어 있다.

십진 블록을 이용한 표현	기호적 표현	설명
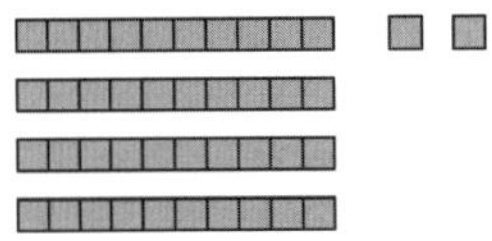	$\begin{array}{r} 42 \\ -\ 17 \\ \hline \end{array}$	십진 블록으로 42를 나타낸다.
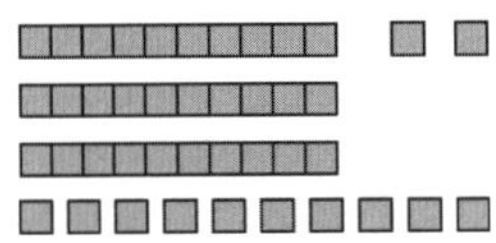	$\begin{array}{r} \overset{3}{\not{4}}{}^{1}2 \\ -\ 1\ 7 \\ \hline \end{array}$	낱개 7개를 빼야 하지만 낱개가 2개 밖에 없기 때문에, 십 모형 1개를 낱개 10개로 바꾸면 십 모형 3개와 낱개 12개가 된다.
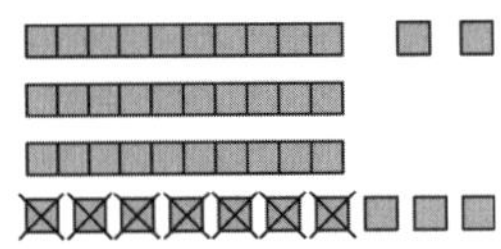	$\begin{array}{r} \overset{3}{\not{4}}{}^{1}2 \\ -\ 1\ 7 \\ \hline 5 \end{array}$	낱개를 뺀다.
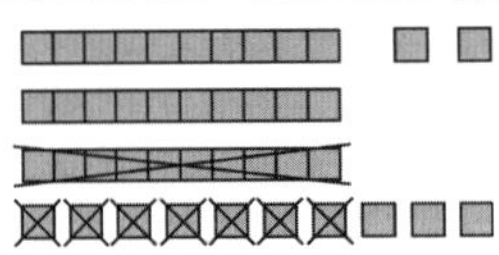	$\begin{array}{r} \overset{3}{\not{4}}{}^{1}2 \\ -\ 1\ 7 \\ \hline 2\ 5 \end{array}$	십 모형을 뺀다.

[그림 1.43] 십진 블록으로 뺄셈의 표준 알고리즘 모델링하기

덧셈의 표준 알고리즘처럼, 이 절차는 덧셈의 성질과 자릿값을 이용하여 증명할 수 있다.

$$
\begin{aligned}
42-17 &= (30+12)-(7+10) && \text{분해와 자릿값} \\
&= (30+12)-7-10 && c-(a+b)=c-a-b \\
& && \text{(필수 이해 2c의 논의 참조)} \\
&= (30+12)+(-7)+(-10) && \text{뺄셈의 정의} \\
&= 30+(12+(-7))+(-10) && \text{덧셈의 결합법칙} \\
&= 30+5+(-10) && \text{덧셈} \\
&= 30+(-10)+5 && \text{덧셈의 교환법칙} \\
&= 30-10+5=25 && \text{덧셈, 뺄셈, 뺄셈의 정의}
\end{aligned}
$$

필수 이해 2c

자릿값 개념은 덧셈과 뺄셈을 용이하게 하기 위해 수를 합성하고 분해하는 편리한 방법을 제공한다.

일반적으로 큰 수의 뺄셈에서 표준 알고리즘은 받아 내림과 그 자리에서의 뺄셈이 번갈아가며 이루어진다. 이러한 알고리즘의 변형은 [그림 1.44 a]와 같이 일의 자리에서 시작하여 모

든 자리에서 받아 내림을 먼저 하고, 이어서 [그림 1.44 b]처럼 각 자리에서 뺄셈을 하는 것이다.

$$\begin{array}{rcccc} & 6 & 11 & 10 & 11 \\ & \not 7 & \not 2 & \not 1 & \not 1 \\ - & 3 & 6 & 5 & 4 \\ \hline \end{array} \qquad\qquad \begin{array}{rcccc} & 6 & 11 & 10 & 11 \\ & \not 7 & \not 2 & \not 1 & \not 1 \\ - & 3 & 6 & 5 & 4 \\ \hline & 3 & 5 & 5 & 7 \end{array}$$

(a) (b)

[그림 1.44] 표준 알고리즘의 변형 :
(a) 먼저 모든 자릿값에서 받아 내림 → (b) 뺄셈

❻ 뺄셈의 또 다른 알고리즘

그 밖에 수많은 뺄셈 알고리즘이 있다. 어떤 알고리즘은 오늘날 특정 문화권에서 사용되고, 또 다른 알고리즘은 미국, 캐나다에서 널리 지도되거나 과거에 멕시코에서 지도되었으며, 또 다른 알고리즘은 학생들이 과거나 현재에 만들어낸 것이다. 이러한 대안적인 뺄셈 알고리즘 중 일부는 강조할 만하다.

첫째 알고리즘은 '부분차'라고 알려진 알고리즘이며, 두 가지 형태가 있다. 이 알고리즘의 기본형은 왼쪽에서 시작하여 오른쪽으로 진행하고, 각 자리에서의 뺄셈을 차례대로 수행하게 된다. 이러한 절차는 특히 10, 100, 1000의 배수 만들기에 있어서 매우 뛰어난 암산 기능을 필요로 한다. [그림 1.45]는 438 − 172의 과정을 보여준다. 중앙의 각 단계는 양쪽에 제시된 두 가지의 다른 방법을 수반한다. 매우 능숙한 학생(과 성인들)은 이러한 계산을 암산으로 하여 결과만 기록한다.

$$\begin{array}{r} 438 \\ -\ 172 \\ \hline 338 \\ -\ \ 72 \\ \hline 268 \\ -\ \ \ 2 \\ \hline 266 \end{array} \qquad \begin{array}{c} 438-100=338 \\ 338-70=268 \\ 268-2=266 \end{array} \qquad \begin{array}{r} 438 \\ -\ 100 \\ \hline 338 \\ -\ \ 70 \\ \hline 268 \\ -\ \ \ 2 \\ \hline 266 \end{array}$$

[그림 1.45] 부분차 알고리즘을 사용한 438 − 172 뺄셈

부분차 알고리즘의 둘째 형태에서는 음수가 사용될 수 있다. 이 알고리즘은 왼쪽에서부터 시작하여 한 번에 한 자리씩 계산한다. [그림 1.46]에 그 과정이 제시되어 있다. 만약 위의 수가 아래 수보다 크다면(그림에서 일의 자리처럼) 그 차를 부분차에 더한다. 만약 위의 수가 아래 수보다 작다면(그림에서 십의 자리처럼) 그 차를 부분차에서 뺀다.

438	
− 172	400 − 100 = 300
300	30에서 70을 빼야 한다.
− 40	
260	따라서 이전의 차에서 40을 뺀다 : 300 − 40 = 260
− 6	8 − 2 = 6, 그러므로 6을 더해야 한다.
266	

[그림 1.46] 부분차 알고리즘의 변형

이 알고리즘을 가로식으로 써 보면 이것이 어떻게 성립하는지 쉽게 이해할 수 있을 것이다.

$$\begin{aligned}438-172 &= (400+30+8)-(100+70+2)\\ &= (400-100)+(30-70)+(8-2)\\ &= 300-40+6\\ &= 266\end{aligned}$$

둘째 단계는 뺄셈의 정의를 사용하는 것과 관련되고, 덧셈의 결합법칙과 교환법칙은 물론 분배법칙과도 관계가 있다. 이 알고리즘은 음수의 기초를 시작하는 것이고 작은 수에서 큰 수를 빼는 방법을 제공하는 것이기 때문에, 중학교 교사들에게 매력적일 수 있다. 그러나 학생들 스스로 이 알고리즘을 발명하더라도, 모든 학생들에게 자주 이용되는 알고리즘으로 지도되는 경우는 드물다.

다음 알고리즘은 뺄셈에서 수직선이나 100까지의 수 배열표를 이용하는 절차를 기반으로 하는 것이다. 이러한 '이어 세기' 절차는 '좋은' 수를 감수(빼는 부분 또는 빼는 수)에서 피감수(전체)까지 세어 나가는 방법이다. 이 알고리즘은 거스름돈을 계산하는 효율적인 방법이기 때문에 '계산원의 알고리즘(cashier's algorithm)' 이라고 불린다. 다음 뺄셈 문제로 그 예를 살펴보자.

4000−2356	2356에서 시작하여 2360을 만들기 위하여 4를 더한다.	4
	2400을 만들기 위하여 40을 더한다.	40
	3000을 만들기 위하여 600을 더한다.	600
	4000을 만들기 위하여 1000을 더한다.	1000
	부분차들을 더한다.	1644

이 절차는 어떠한 받아 내림도 요구하지 않는다는 것에 주목하자. [생각해보기 1.14]에서 지금까지 논의된 두 가지의 대안적인 뺄셈 알고리즘에 대해 탐구해보자.

생각해보기 1.14

'부분차'와 '이어 세기' 알고리즘을 이용하여 다음 각각의 차를 구하라.

$73-38 \qquad 642-135$

$702-187 \qquad 2305-1268$

또 다른 알고리즘은 일명 '오스트리안 방법(Austrian method)' 이라고 불리는 것인데, 일부 문화권에서는 가장 많이 사용되고, 미국에서도 1940년 이전(Ross와 Pratt−Cotter, 1999)에는 광범위하게 사용되었다. 이 알고리즘은 또한 '덧셈', '동치 가수' 또는 '동치 덧셈' 방법이라고도 불리었으며, [그림 1.47]과 같이 피감수와 감수 양쪽에 같은 수(10, 100, 1000 등)를 더하는 방법이다.

13 11 4 ~~3~~ ~~1~~ ~~2~~³ ~~7~~⁸ 5 1 5 6	5가 1보다 크다. 따라서 1에 10개의 일을, 7에 1개의 십을 더한다.	$11-5=6$
	8이 3보다 크다. 따라서 3에 10개의 십을, 2에 1개의 백을 더한다.	$13-8=5$
	4개의 백 − 3개의 백 = 1개의 백	

[그림 1.47] 뺄셈 431−275를 위하여 오스트리안 방법 사용하기

이 알고리즘의 또 다른 표기법은 수들 사이의 사선 위에 1을 적어가며 더하는 것이다. [그림 1.48]은 뺄셈 431 − 174를 위한 이러한 과정을 보여준다. 처음 1은 일의 자리에 있는 1과 십의 자리에 있는 7 사이에 위치해 있다. 이 1은 양쪽 수에 더해지는 10을 나타낸다. 또 다른 1은 십의 자리에 있는 3과 백의 자리에 있는 1 사이에 놓여 있다. 이 1은 양쪽 수에 더해질 100을 나타낸다. 뺄셈 과정은 아래 그림과 같다.

$$\begin{array}{r} 4\,{}_{1}3\,{}_{1}1 \\ -\ 1\ \ 7\ \ 4 \\ \hline 2\ \ 5\ \ 7 \end{array}$$

- 11개의 일 − 4개의 일 = 7개의 일
- 13개의 십 − 1개의 십 − 7개의 십 = 5개의 십
- 4개의 백 − 1개의 백 − 1개의 백 = 2개의 백

[그림 1.48] 뺄셈 431 − 174를 위한 오스트리안 방법

[생각해보기 1.15]는 오스트리안 뺄셈법을 잘 보여주고 있다. 이 알고리즘은 이 장에서 다음에 논의되는 것, 즉 마지막 방법과 매우 유사한데, 그것은 피감수와 감수 양쪽을 똑같이 변화시키는 것과 관련된다.

생각해보기 1.15

오스트리안 알고리즘 (또한 '덧셈', '동치 가수' 또는 '동치 덧셈' 알고리즘으로도 알려진)을 이용하여 다음 각각의 차를 구하라.

73 − 38	642 − 135
702 − 187	2305 − 1268

'같은 변화' 뺄셈 알고리즘은 '오스트리안 뺄셈법'보다 일반적이다. 왜냐하면 어떤 임의의 수라도 빼기 위해 더해질 수 있기 때문이다. 일반적으로 문제를 단순화하고 받아 내림을 할 필요를 없애주는 수들을 선택하면 된다. [그림 1.49]의 예에서 감수의 일의 자리를 0으로 만들기 위하여 6을 더했다. 그 다음

100의 배수를 만들기 위해 20을 더했다. 이렇게 하면 뺄셈이 매우 쉬워진다. 이 방법은 단지 합이 10인 덧셈 구구과 뺄셈 구구만 알면 된다. 이 알고리즘의 사용에 대한 [생각해보기 1.16]을 살펴보자.

$$\begin{array}{r} 431 \\ -\ 174 \\ \hline \end{array} \quad \begin{array}{c} \xrightarrow{+6} \\ \xrightarrow{+6} \end{array} \quad \begin{array}{r} 437 \\ -\ 180 \\ \hline \end{array} \quad \begin{array}{c} \xrightarrow{+20} \\ \xrightarrow{+20} \end{array} \quad \begin{array}{r} 457 \\ -\ 200 \\ \hline 257 \end{array}$$

[그림 1.49] 뺄셈 431 − 174를 위한 '같은 변화' 알고리즘

생각해보기 1.16

'같은 변화' 알고리즘을 사용하여 다음 차를 구하라.

$73 - 38$ $\qquad$ $642 - 135$

$702 - 187$ $\qquad$ $2305 - 1268$

이러한 절차를 증명하는 방법 중 하나는 두 수의 차$(b - a)$를 수직선 위에서 두 점 사이의 거리로 간주하는 것이다. 만약 같은 수인 c가 양쪽에 더해진다면, 두 수는 수직선에서 같은 거리만큼 움직이므로 결과적으로도 같은 거리를 유지하게 된다. [그림 1.50]은 이러한 사실을 보여준다.

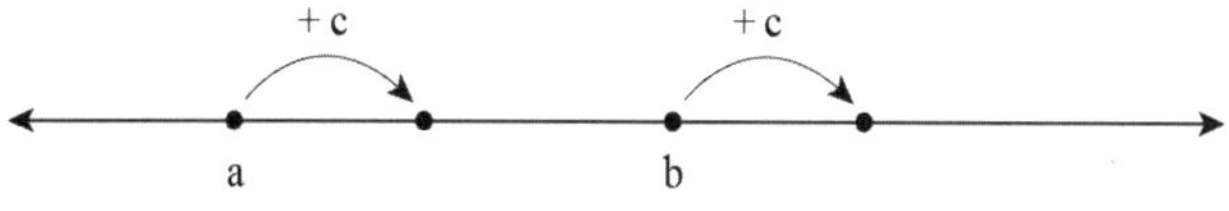

[그림 1.50] 수직선을 이용하여 '같은 변화' 뺄셈 알고리즘 표현하기

덧셈의 성질과 자릿값은 이러한 절차가 왜 성립하는지 보다 형식적으로 보여주는 데 이용될 수 있다. a에서 b를 뺄 때, 자연수 a, b가 있고 자연수 c를 양쪽 수에 더한다고 가정해보자.

$$
\begin{aligned}
(a+c)-(b+c) &= (a+c)+\{-(b+c)\} && \text{뺄셈의 정의}\\
&= (a+c)+(-1)(b+c) && -1 \text{ 곱하기}\\
&= (a+c)+(-1)b+(-1)c && \text{덧셈에 대한 곱셈의 분배법칙}\\
&= (a+c)+(-b)+(-c) && -1 \text{ 곱하기}\\
&= a+[c+(-b)]+(-c) && \text{덧셈의 결합법칙}\\
&= a+(-b+c)+(-c) && \text{덧셈의 교환법칙}\\
&= \{a+(-b)\}+\{c+(-c)\} && \text{덧셈의 결합법칙}\\
&= (a-b)+(c-c) && \text{뺄셈의 정의}\\
&= (a-b)+0 && \text{덧셈의 역원}\\
&= a-b && \text{덧셈의 항등원으로서의 } 0
\end{aligned}
$$

따라서, '같은 변화' 알고리즘은 산술적인 패턴을 일반화한 결과이다. 즉, 감수와 피감수 양쪽에 같은 수를 더하는 것은 두 수 사이의 차를 변화시키지 않는다.

생각해보기 1.17

피감수와 감수 양쪽에서 같은 수를 빼서 뺄셈을 단순화할 수 있을까?
만약 그렇다면 왜 그것이 성립되는 것인가?
같은 수를 더하여 다음 문제를 해결하고, 같은 수를 빼서도 해 보라.

$73-59 \qquad 523-378 \qquad 4321-1987$

결과를 생각해보고 만약 가능하다면 친구들과 그 결과에 대해 토의해 보라.

결론

학생들은 덧셈과 뺄셈을 이해하고 능숙하게 이용하기 위해서 덧셈과 뺄셈을 언제 이용하고, 특정 문제 상황에 맞는 수식을 어떻게 쓸지, 합과 차를 어떻게 계산하는지를 알아야 한다. 학생들은 계산만 하는 것이 아니라 이러한 절차들이 왜 수행되는지를 말이나 도식 또는 모델을 이용하여 설명할 수 있어야 한다. 이 장에서 설명한 필수 이해는 교사들이 다양한 맥락

속에서 덧셈과 뺄셈을 인식하여 여러 가지 덧셈과 뺄셈의 문제 해결 전략을 적용하고 타당화할 수 있게 한다. 또한 교사들이 자릿값, 10 만들기, 알고 있는 구구 등의 전략을 사용할 수 있게 함으로써 덧셈과 뺄셈에 대한 확고한 기초를 형성하게 하여 학생들이 기본 구구와 암산을 할 수 있도록 도울 것이다. 유아·유치원～2학년까지의 학생들을 위하여 이러한 아이디어들은 앞으로의 수학을 이해하는 데뿐만 아니라 그 자체만으로도 필수적인 것이다.

제2장
선수 학습과 후속 학습의 연계성

Big idea

핵심 아이디어 1
덧셈과 뺄셈은 여러 종류의 문제를 표현하고 해결하기 위해 사용된다.

Big idea

핵심 아이디어 2
자연수의 덧셈과 뺄셈의 계산 절차를 이해하기 위한 수학적 기초는 덧셈의 성질과 자릿값이다.

이 장에서는 덧셈과 뺄셈의 기초적인 아이디어가 수와 숫자에 관한 보다 기본적인 아이디어뿐만 아니라 유리수 개념과 절차, 대수적 사고, 측정, 자료의 표현과 같이 보다 어렵고 복잡한 주제와 어떤 연결성을 지니고 있는지에 초점을 맞춘다. 제1장에서 논의했던 핵심 아이디어들은 이전에 배운 간단한 개념을 포함하면서도 이후의 보다 정교한 아이디어 형성을 위한 토대가 된다. 핵심 아이디어 1은 자연수뿐만 아니라 분수, 정수와 같은 수의 다른 형태에 있어서도 중요하게 작용한다. 제1장에서 논의된 문제 유형들은 이와 같은 수의 다른 형태에도 적용되며, 학생들이 대수 개념의 기저를 이해하는 것은 물론, 수의 연산을 이해할 수 있도록 도와준다(Barnett－Clarke 외, 2010 참조). 핵심 아이디어 2는 학생들이 기존에 지니고 있는 아이디어들과 직접적으로 연결된다. 왜냐하면 학생들은 덧셈과 뺄셈을 할 때, 자릿값 개념과 덧셈의 성질을 자신이 만든 알고리즘과 표준 알고리즘 모두에 사용하기 때문이다.

핵심 아이디어 2는 학생들의 후속 수학 학습과도 관련된다. 자연수의 덧셈, 뺄셈에 처음 적용되는 자릿값과 덧셈의 성질은 다섯 가지 내용 영역인 수와 연산, 대수, 기하, 측정, 자료 분석과 확률을 아우르는 무수히 많은 수학적 개념들과 연결된다(NCTM, 2000). 예를 들어, 덧셈의 성질은 곱셈과 나눗셈 그리고 그 밖의 연산의 성질들과 관련된다. 대수적 사고는 핵심 아이디어 2와 밀접하게 연계된다. 왜냐하면 덧셈의 성질은 일반화된 법칙이고, 학생들이 덧셈을 하면서 일반적인 성질을 분석할 때 대수적 사고를 사용하게 되기 때문이다. 측정과 자료의 표현도 자릿값과 덧셈의 성질을 이용한다.

다음의 논의에서는 먼저 핵심 아이디어 1과 관련된 연계성, 특히 부분–부분–전체와 부분–전체 관계, 연속 모델과 이산 모델, 측정과 관련된 아이디어를 살펴볼 것이다. 그 다음, 자릿값, 곱셈과 나눗셈, 대수, 측정(재논의), 그리고 자료의 표현에 관한 아이디어를 포함하는 핵심 아이디어 2의 연계성에 대해 논의할 것이다.

01 핵심 아이디어 1과의 연계 : 모델을 자연수 너머로 확장하기

학생들이 더하기와 빼기를 처음 배울 때 보통 자연수와 수 세기에 대해서 스스로 정의를 내리곤 한다. 그러나 양의 분수까지 이용하기 위해 점차 그들이 사용하고 있는 수의 집합을 확장할 필요를 발견하게 되며, 연이어 이러한 수들을 이용한 덧셈과 뺄셈이 필요함을 알게 된다. 자연수를 다루면서 덧셈과 뺄셈의 친숙한 표현을 적용하는 것은 새로운 수의 형태에 관한 덧셈과 뺄셈을 이해하는 것을 도와준다.

자연수의 아이디어를 유리수로 확장하는 것에 대한 세부 내용은 「유리수의 필수 이해 : 3학년~5학년까지」(Barnett–Clarke 외, 2010)를 참고하시오.

1) 부분 - 부분 - 전체와 부분 - 전체

필수 이해 1c의 주요 개념은 덧셈과 뺄셈 문제를 부분–부분–전체의 수 관계나 식을 사용하여 표현할 수 있다는 것이다. 부분–부분–전체 관계에서 덧셈과 뺄셈을 해석하는 것은 이러한 연산을 분수, 소수, 백분율과 같은 수의 다른 형태로 확장시킨다. 예컨대, 제1장에서 다룬 '활동'과 '비활동' 유형의 문제는 유리수에도 적용된다. 예를 들어, $\frac{7}{8}-\frac{3}{4}$에서는 $\frac{7}{8}$에서 $\frac{3}{4}$을 '덜어내는' 활동이나 두 분수의 크기 비교하기를 생각할 수 있다. 자연수보다 유리수를 지도할 때 덜 일반적이긴 하지만, 학생들에게 서로 다른 부분(출발량, 활동, 결괏값)이 미지수인 문제를 제공하는 것은 유리수 계산을 능숙하게 하도록

필수 이해 1c
여러 문제 상황이 부분–부분–전체 관계와 덧셈, 뺄셈으로 표현될 수 있다.

만드는 데 중요하다. 학생들이 자연수의 덧셈과 뺄셈에 관한 다양한 문제를 접하면 분수 문제를 해결하는 데에도 도움이 된다. 분수 학습을 위해서는 자연수에 대한 이해가 중요하다는 것이 일반적으로 수용됨에도 불구하고, 학생들이 자연수를 이해하는 방식은 아직 덜 완성된 분수에 대한 이해를 도울 수도 있지만 방해할 수도 있다(Mack, 1995; Smith, 1995; Van de Walle, Karp와 Bay－Williams, 2010). 자연수와 분수 간의 중요한 유사점과 차이점에 대하여 학생들이 알아야 할 것이 있다. 그 중 하나는 덧셈과 뺄셈을 나타내는 데 사용되는 '부분－부분－전체'와 비와 분수를 나타내는 데 사용되는 '부분－전체' 간의 개념적 관계이다.

제1장에서 논의했던 것처럼, '부분－부분－전체' 개념은 두 부분을 결합하여 전체를 구성한다는 것이고, 이는 전체를 만들기 위해 두 부분을 더한다는 의미이다. 따라서 부분－부분－전체 해석은 등식을 가리킨다. 반면, '부분－전체'는 등식이 아니라 전체에 대한 한 부분의 관계를 가리킨다. 그러나 부분－부분－전체와 부분－전체 관계 모두에서 부분은 전체와 관련이 있다. 예를 들어, 분수 $\frac{5}{12}$는 5인치 또는 1피트인 12인치의 부분을 나타낼 수 있다. [그림 2.1]은 $\frac{5}{12}$의 이러한 사용을 보여준다. 이 그림은 1피트의 '미지수'에 해당하는 부분(7인치)을 보여준다. 따라서 만약 5인치+□인치＝12인치로서 1피트에 대해 생각한다면, 상황을 부분－부분－전체의 아이디어와 연결지을 수 있다. 부분－부분－전체 아이디어가 부분－전체 아이디어와 얼마나 밀접한지, 중요한 차이인 둘째 '부분'이 $\frac{5}{12}$의 표기에는 나타나지 않는다는 점과 함께 살펴보자. 분수에서 부분－전체는 *영역*의 부분, (한 학급 학생들과 같은) *그룹*의 부분, (아래 예시와 같은) *길이*의 부분을 나타낼 수 있다. 덧셈이 부분－부분－전체 외에 다른 표현을 지니는 것처럼 분수도 부분－전체 외에 다른 해석을 가진다. 그러나 부분－전체의 해

석이 교과서와 수업에서 가장 일반적인 것이다.

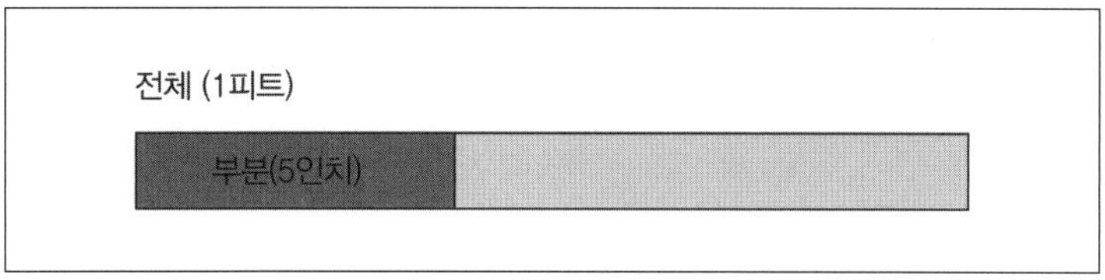

[그림 2.1] 1피트의 부분으로서 $\frac{5}{12}$ 표현하기

또한 학생들에게 다양한 유형의 덧셈 문장제가 유익한 것처럼, 만약 수업 시 분수의 다양한 표현에 보다 관심을 기울인다면 학생들은 분수를 더 잘 이해하게 될 것이다(Clarke, Roche와 Mitchell, 2008; Siebert와 Gaskin, 2006; Lamon, 1999).

0.3과 같은 소수는 수가 표현된 방식에 있어서 부분－전체 관계가 명확하게 드러나지 않는다. 왜냐하면 표기 상 전체가 분명하지 않기 때문이다. 그러나 0.3이라는 표현은 여전히 10 중에 3인 부분을 의미한다. 0.003의 경우는 전체인 1000 중에 3인 부분을 나타낸다. 3%도 마찬가지로 100 중에 3인 부분을 의미하지만, 이것은 전체의 크기가 얼마인지는 상관없음을 함축하고 있으며, 부분은 단지 전체의 $\frac{3}{100}$이 된다.

여기서 두 가지가 중요하다. 첫째, 우리가 둘 사이의 차이를 알게 되면 덧셈에서 부분－부분－전체 표현은 분수와 관련된 부분－전체 개념을 형성하기 위한 토대를 제공할 수 있다. 위의 5인치 사례는 이것이 어떻게 연결되는지 보여준다. 학생들에게 분수 수량에 대한 문제를 제공할 때(예컨대, $\frac{1}{8}$마일을 걸었음), 이를 부분－부분－전체 관계로 나타내고($1+7=8$) 이를 부분들로 연결하는 것(마일의 $\frac{1}{8}$부분을 걷고 마일의 $\frac{7}{8}$부분을 걷지 않았음)은 학생들이 이러한 연결성을 이해하도록 도와준다.

분수, 소수, 백분율의 의미와 유리수를 표현하는 방식들에 관한 내용은 「유리수의 필수 이해 : 3학년~5학년까지」(Barnett－Clarke 외, 2010)에 자세히 제시되어 있다.

둘째, 부분－전체 해석을 이용하는 것은 학생들이 분수, 소수, 백분율 간의 연결성을 알 수 있게 하는 한 가지 방법이 된다. "전체의 몇 부분은 □인가?"라는 핵심 질문에 관심을 기울이는 학생은, '5 중에 4부분'이 '10 중에 8부분', '100 중에 80부분'과 동치라는 것을 알 수 있다. 이러한 학생들은 이 수량들이 비례적으로 같음을 알고, 이러한 부분-전체 관계를 $\frac{4}{5}$, $\frac{8}{10}$, 0.8, 0.80, 80%를 포함한 다양한 표기법으로 나타낼 수 있음을 이해하게 된다. 비례와 다양한 표현을 이해하는 것은 수학을 잘하는 데에 필수적이다.

2) 이산 모델과 연속 모델

*연속*과 *이산*이라는 용어는 고등학교나 대학교 대수의 함수 관련 논의에 대한 기억을 상기시킬 것이다. 그러나 여기서의 논의는 덧셈과 뺄셈 개념을 보여주는 데 사용되는 모델이나 조작적 또는 시각적 보조 도구의 유형에 초점이 있다. *이산*은 두 수 사이의 양을 모델이나 조작적 보조 도구로는 표현할 수 없다. 예를 들어, 연결큐브는 전형적으로 각각의 큐브가 하나의 전체를 나타낸다. 따라서 학생들이 연결큐브를 가지고 $12\frac{1}{2}$이나 123.6과 같은 양을 보이거나 표현하는 것은 어렵다. 제1장에서 10틀과 함께 사용했던 셈돌도 이산 모델이다. 100까지의 수 배열표 또한 수들을 한 줄로 나열하고 그 자체로 수직선을 반영한 덧셈과 뺄셈 방법을 취하고 있음에도 이 역시 이산 모델이다.

이산 모델은 그룹화(grouping)와 재그룹화(regrouping)를 허용한다. 따라서 이러한 모델은 학생들이 자릿값을 이용하고 수를 분해하고 조합하면서 보다 효율적으로 덧셈을 할 수 있는 상황을 제공한다. 예컨대, 식 $18+32$를 풀 때 학생들은 두 수를 나타내기 위해 십진 블록을 사용할 것이고, 8과 2를 합하여 또 다른 10을 만들게 된다. 이를 통해 답이 5개의 10 또는 50이라는 것을 구할 것이다. 이산 모델을 기초로 할 때, 학생들은 머릿속으로 18+32를 18+30+2로 분해하고 이를 20+30으로 조합하여 50을 구하게 된다. 모델을 이용하면서 십들을 더한 다음 낱개들을 더한 뒤, 둘을 더하여 합을 구할 수도 있다. 이어서 이와 대조적인 접근 방식을 취하는 연속 모델에 대해 살펴보자.

이산 모델에서 허용되는 재그룹화는 소수의 모델링과 연산까지 확장될 수 있다. 십진 블록에서, 만약 백 블록 또는 '평평한' 블록(10×10×1조각)이 하나의 전체를 나타낸다면, 각각의 십 블록 또는 '막대' 블록(10×1×1조각)은 전체의 $\frac{1}{10}(0.1)$이 된다. 그리고 각각의 일 블록 또는 '단위' 정육면체(또는 '낱개'; 1×1×1조각)는 전체의 $\frac{1}{100}(0.01)$이 된다. 만약 1000조각 정육면체(10×10×10조각)를 하나의 전체라고 한다면, 이 경우에 작은 단위 정육면체 각각은 전체의 $\frac{1}{1000}(0.001)$이 될 것이다. 비록 단위 조각을 이용하여 백 분의 몇이나 천 분의 몇을 나타낼 수는 있을지라도, 여전히 이러한 이산 모델을 가지고는 나타낼 수 없는 두 수 사이의 양이 존재한다.

연속량과 이산량, 연속 모델과 이산 모델에 대한 추가적인 논의를 보려면, 「수와 기수법의 필수 이해 : 유아·유치원~2학년까지」 (Dougherty 외, 2010)를 참고하시오.

이와 반대로 연속 모델은 학생들이 또 다른 방식인 연속체로서 수의 규모를 '볼' 수 있는 기회를 제공한다. 학생들은 수직선을 이용하여 42가 50이나 100 또는 1000과 관련하여 어디쯤에 있는지를 볼 수 있다. 예를 들어, 연속 모델 중 특히 수직선은 모든 유형의 수를 알아보는 데 유용하다. 수직선은 보통 0의 오른편과 마찬가지로 0의 왼편을 확장하여 정수를 다룰 때 사용하는 모델이다. 학생들이 분수, 동분모 또는 이분모 분수의 덧셈을 다룰 때 수직선을 이용할 수 있다. (이에 대한 예시는 다음 절인 측정을 참조하라.) 학생들은 수직선을 이용하여 자연수에 대한 아이디어뿐만 아니라 소수에 대한 아이디어를 개발할 수 있다. 예컨대, [그림 2.2]는 수직선 위에서의 '뛰어 세기'를 통한 18+32를 보여주고 있다. 이 수직선의 눈금의 숫자를 1, 2, 3, 4, 5로 바꾼 뒤, 1.8+3.2를 나타내는 뛰어 세기로 변형할 수 있다.

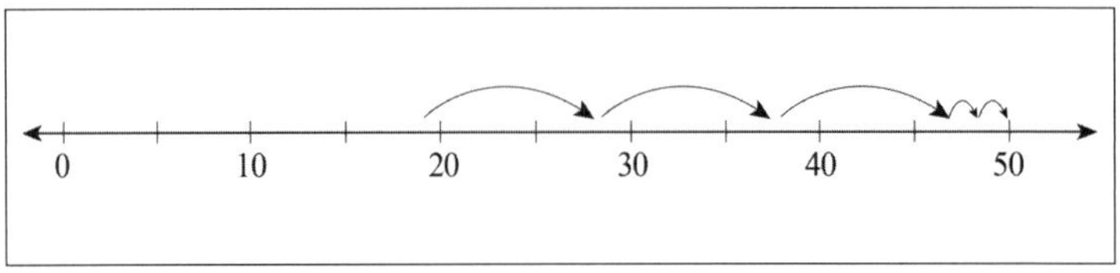

[그림 2.2] 18+32를 10씩 센 후 낱개 2를 더하는
'뛰어 세기'로 나타낸 학생의 사례

이산 모델과 연속 모델 모두를 사용하는 것은 자연수의 덧셈, 뺄셈과 마찬가지로 분수와 소수의 덧셈, 뺄셈을 할 때 학생들이 다양한 전략들(예 : 분해와 뛰어 세기)을 사용할 수 있게 하며 연산을 깊이 이해하도록 할 것이다.

3) 측정

수직선 모델의 가장 중요한 이점 중 하나는 학생들이 측정과 관련된 개념을 통합할 수 있게 해준다는 것이다. 측정은 덧셈, 뺄셈과 밀접하게 관련되고, 이 사실은 학생들이 덧셈과 뺄셈을 학습하면서 수직선 모델을 사용할 때 명백하게 드러난다. 이 장에서는 측정에 대해 두 번 논의한다. 여기서 먼저 핵심 아이디어 1과 관련지어 주제를 설명할 것이다. 왜냐하면 측정은 종종 비교, 그리고 필수 이해 1c와 연관 지어 설명되는 문제 유형 중 하나인 비교 상황(제1장의 예 10 참조)과 연결되기 때문이다. 그 다음, 덧셈과 뺄셈의 내용 연결성 중 하나로서 핵심 아이디어 2와 관련되는 측정에 대해 다시 논의할 것이다.

> **필수 이해 1c**
> 여러 문제 상황이 부분-부분-전체 관계와 덧셈, 뺄셈으로 표현될 수 있다.

반을 여러 번 반복해서 나누어 표시한(그래서 결국 4등분, 8등분 표시가 된) 자는 어린 학생들이 자연수의 덧셈과 뺄셈에 대한 지식을 유리수로까지 확장하도록 도와준다. 예를 들어, 학생들이 [그림 2.3]과 같이 인치들을 반으로 나누어 표시한 자를 사용한다면, $2+4$뿐만 아니라 $2\frac{1}{2}+1$ 등의 합을 구하기 위해 '뛰어 세기' 전략을 사용할 수 있고, 전체 단위와 $\frac{1}{2}$ 단위의 뛰어 세기를 알고 개념화할 수 있을 것이다.

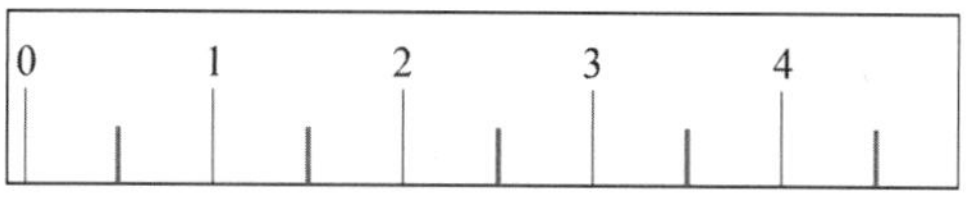

[그림 2.3] 반을 표시한 자는 자연수의 덧셈, 뺄셈을 분수의 덧셈, 뺄셈과 연결하는 데 유용하다.

4) 미래 수학을 위한 기초

요컨대, 핵심 아이디어 1은 덧셈과 뺄셈이 여러 유형의 문제를 표현하고 해결하는 데 유용하며 방대한 양의 수학에 기초를 제공한다는 것이다. 모으기나 덜어내기(활동) 또는 비교하기(비활동)와 같은 덧셈과 뺄셈 개념은 다양한 이산 모델과 연속 모델을 사용함으로써 개발되고 강화될 수 있다. 두 유형의 모델을 이용하여 자연수의 덧셈과 뺄셈을 지도하는 것은 매우 중요하다. 왜냐하면 두 모델 모두 소수, 분수, 정수의 연산뿐만 아니라 측정 개념을 포함하는 수의 범위를 나타낼 때 사용되기 때문이다.

Big idea

핵심 아이디어 1
덧셈과 뺄셈은 여러 종류의 문제를 표현하고 해결하기 위해 사용된다.

02 핵심 아이디어 2와의 연계 : 내용 전반에 관련된 자릿값과 성질들

핵심 아이디어 2는 자연수의 덧셈, 뺄셈의 계산 절차의 기초로서 자릿값과 덧셈의 성질에 초점이 있다. 수업 시 이러한 계산 절차를 성질들, 자릿값과 연결하여 지도해야 한다. 이러한 수업을 통해 또 다른 수학적 아이디어를 위한 연결과 기초를 형성하게 된다.

Big idea

핵심 아이디어 2
자연수의 덧셈과 뺄셈의 계산 절차를 이해하기 위한 수학적 기초는 덧셈의 성질과 자릿값이다.

1) 자릿값

이어지는 자릿값에 대한 논의는 간단하다. 왜냐하면 자릿값과 덧셈, 뺄셈 간의 관계는 핵심 아이디어 2의 전반적인 부분이고 제1장에서 상세하게 제시하였기 때문이다. 그러나 자릿값은 그 자체로서 다른 내용 영역들과의 수많은 연계의 중심이 되므로 여기서 다시 살펴볼 것이다. 십의 그룹화 개념은 미터법의 기초가 된다. 예를 들어, 78이 십이 7, 일이 8임을 아는 것은 학생들이 78mm가 7cm(또는 70mm)와 8mm를 의미함을 이해하도록 돕는다. 78은 십이 7, 일이 8임을 생각하는 것과 기계적으로 70＋8로서 78을 적는 것을 구별하는 것이 중요하다. 후자는 70에서의 7이 십이 7을 뜻함을 깨닫는 것을 유도하지 못한다.

'분해'와 '뛰어 세기' 전략과 이산 모델, 연속 모델을 다양하게 경험함으로써 자릿값에 대한 중요한 개념적 아이디어를 강화할 수 있다. 그러한 경험을 한 학생들은 자릿값 개념을 소수 첫째 자리, 소수 둘째 자리뿐만 아니라 더 작은 자리까지 확장할 것이다. 학생들이 소수의 자릿값을 다룰 때, 분해와 뛰어 세기 전략을 사용하는 것은 소수의 양에 대한 이해를 도울 수 있다(예 : 0.35는 백 분의 35 또는 십 분의 3과 백 분의 5이며 기호적으로 0.3＋0.05로 나타낸다).

필수 이해 2c
자릿값 개념은 덧셈과 뺄셈을 용이하게 하기 위해 수를 합성하고 분해하는 편리한 방법을 제공한다.

필수 이해 2c에서 설명한 것과 같이, 자릿값 개념은 덧셈과 뺄셈의 계산을 용이하게 하기 위해 수를 합성하고 분해하는 편리한 방법을 제공한다. 이는 다양한 교육과정 내용 영역에 걸쳐 참이라고 할 수 있다. 예를 들어, 그룹화 개념은 10을 기본 단위로 하지 않더라도 측정 단위로 직접적으로 연결되어 작용된다. 인치와 피트를 살펴보면 단위 변환의 기본적인 아이디어는 동일하지만, 이 단위들은 10 대신에 12 단위로 구성되어 있음을 알 수 있다. 다음의 덧셈을 살펴보자.

3피트 6인치 ＋ 2피트 10인치

이 경우에 피트는 피트끼리(십은 십끼리 더하는 것처럼), 인치는 인치끼리(일은 일끼리 더하는 것처럼) 더하면 된다. 12인치가 될 때 이를 더 높은 단위(여기서는 1피트)로 변환할 수 있다. 10을 기본으로 하고 있는 미터법은 매우 명백하게 자릿값과 연결된다.

같은 크기의 부분을 더한다는 개념은 분수의 덧셈을 이해하는 기초로서 보다 중요한 내용이다. 분수 $\frac{1}{3}$을 살펴보자. 이는 전체를 $\frac{1}{3}+\frac{1}{3}+\frac{1}{3}$의 3개로 나눈 것 중 하나의 단위를 나타낸다. 마찬가지로 $\frac{1}{4}$은 전체를 $\frac{1}{4}+\frac{1}{4}+\frac{1}{4}+\frac{1}{4}$의 4개로 나눈 것 중의 하나라는 다른 크기의 단위를 나타낸다. 그렇다면 $\frac{2}{3}$와 $\frac{1}{4}$을 어떻게 합할 수 있을까? 두 분수는 같은 크기의 조각이나 단위로 이루어진 것이 아니다. 이 둘을 합하려면 수의 자릿값이나 측정에서의 단위와 마찬가지로 분수의 단위가 동일해야만 한다. 이 경우, 피트를 모델로 사용하여 문제를 해결할 수 있다 : 1피트의 $\frac{2}{3}$, 즉 1피트의 $\frac{8}{12}$은 8인치이고, 1피트의 $\frac{1}{4}$, 즉 1피트의 $\frac{3}{12}$은 3인치이다. 이 모델에서 합은 1피트의 $\frac{11}{12}$이고, 따라서 문제의 답은 $\frac{11}{12}$이다. 예컨대, $\frac{1}{3}$을 $\frac{4}{12}$로 변환하는 것처럼, 이러한 분수의 동치는 *변환*을 나타내며, 분수들을 합하기 위해 같은 크기의 단위를 갖도록 변환하게 된다.

학생들이 고학년이 되면 $3x+5y+8x+3y$와 같은 수식을 더해야하는 수학적 상황에 직면하게 된다. 자연수의 덧셈, 특히 십의 자리끼리, 일의 자리끼리 더해야 하는 것의 중요성을 이해하는 것은 x끼리, y끼리 더해야하며 x와 y를 합할 수 없음을 이해하는 데 기초가 된다. 함수와 벡터의 합 또한 이와 같은 수량의 덧셈 개념에 기초한다.

2) 곱셈과 나눗셈

자연수 학습에서 학생들은 곱셈을 덧셈의 반복으로, 나눗셈을 뺄셈의 반복으로서 만나게 된다. 따라서 덧셈과 뺄셈, 곱셈과 나눗셈의 연계는 이러한 연산들의 설명에 필수적이라고 할 수 있다. 그러나 학생들이 그러한 연결성을 명확히 알기 위해서는 시간과 경험이 요구된다.

똑같은 수를 두 번 더하는 것은 학생들이 덧셈에서 곱셈으로의 첫 연결을 형성하는 데 도움이 된다. 왜냐하면 이는 똑같은 크기의 집합을 합하는 것의 시작이기 때문이다. 학생들은 똑같은 크기의 집합 또는 그룹을 더하면서 다른 상황들을 탐구하게 될 것이다. 예를 들어, 한 팩에 5개씩 들어있는 껌 3팩이 있다면 껌은 모두 몇 개인가? 학생들은 5+5+5의 덧셈으로 이 문제를 풀 수 있다. 또는 뛰어 세기를 하거나 머릿속으로 5, 10, 15로 더할 수도 있다. 이러한 과정을 기호로 나타내면 5×3이라고 쓸 수 있으며[3] 학생들은 덧셈과 곱셈을 연결하게 된다. 학생들은 이 식을 "3팩의 5", "3세트의 5", "5씩 3그룹"과 같은 말로 나타낼 수도 있다. 교사는 넓이 모델을 사용하여 학생들이 곱셈을 탐구하도록 지도한다. 예를 들어, 7×6 격자에서 학생들은 7줄의 6 또는 6줄의 7을 보게 된다. 격자는 학생들에게 같은 길이의 열이 반복되는 것을 보여 주며, 이러한 시각적 이미지는 덧셈과 곱셈 간의 연결성을 강화시켜 준다. 이러한 연결성을 이해한 학생들은 하나의 직사각형이 7×5와 7×1인 두 개의 작은 직사각형으로 나눠질 수 있음을 알게 된다. 만약 7×5를 쉽게 계산할 수 있다면, 거기에 7만 더 더하면 되는 것이다.

나눗셈은 일반적으로 곱셈의 역연산으로 정의된다. 그러나 자연수의 곱셈은 덧셈의 반복으로 설명할 수 있으며 자연수의 나눗셈은 뺄셈의 반복으로 설명할 수 있다. 다음의 예를 살펴보자.

> 케이티는 생일 파티를 위해 선물 주머니를 준비하고 있다. 각각의 주머니에 4개의 스티커를 넣으려 한다. 케이티가 24개의 스티커를 가지고 있다면, 그녀는 몇 개의 주머니를 채울 수 있을까?

---

3) [역자 주] 원문에는 미국의 표기 방식에 따라 3×5라고 되어 있으나, 우리나라에서는 5×3으로 표기한다.

이 문제가 "24개의 스티커를 4개의 주머니에 어떻게 똑같이 나눌 수 있는가?"의 질문으로 표현되는 등분제 상황이 아님에 주목하자. 학생들은 24에서 20, 16, 12, …와 같이 4씩 거꾸로 세면서(동수누감) 몇 개의 주머니에 스티커를 채웠는지 합계를 파악함으로써 이 문제를 풀 수 있다. 또는 24가 될 때까지 4씩 세어 올라가면서(동수누가) 이 문제를 해결할 수도 있다. 그룹의 수가 미지수인 이러한 유형의 문장제는 나눗셈을 지도할 때 자주 사용되지 않는다. 따라서 학생들은 이 유형의 문제를 나눗셈과 연결하지 않고 동수누감을 사용하여 해결하고는 한다.

곱셈과 나눗셈 알고리즘은 덧셈과 곱셈의 성질, 즉 교환법칙, 결합법칙, 분배법칙에 기반을 두고 있다. 예를 들어, 자릿값 개념을 적용하여 4×18을 $4\times(10+8)$로 생각할 수 있다. 분배법칙을 적용하면 이것이 10씩 4개와 8씩 4개를 의미함을 알게 된다. 학생들은 머릿속으로 이를 계산하여 40과 32를 더해서 72를 구할 수 있다. 학생들은 이러한 성질들을 적용하여 다수의 나눗셈 문제들을 암산으로 해결할 수 있다. 문제에 대해 다음과 같은 방식으로 생각하면서 $132\div12$를 해결할 수 있다. 예를 들어, $132\div12=(120+12)\div12=10+1=11$. 또는 12씩 10개이면 120이고 12가 한 번 더 있으면 132이가 되므로 12씩 11번을 세어 올라가면 132를 얻을 수 있음을 생각하는 '세어 올라가기' 전략을 사용할 수도 있다. 필수 이해 2a에서 언급한 것처럼, 덧셈, 뺄셈, 곱셈, 나눗셈 간의 관계를 알면, 하나 또는 그 이상의 연산을 사용하여 이러한 문제들을 능숙하게 해결할 수 있다.

> **필수 이해 2a**
> 자연수의 덧셈에 대한 교환법칙과 결합법칙은 계산을 능숙하게 하도록 한다.

덧셈과 뺄셈은 또한 나눗셈의 표준 알고리즘 속에 내재되어 있다. [그림 2.4]의 표에 제시된 $134\div8$의 예를 살펴보자. 첫째 열은 표준 알고리즘의 단계를 보여준다. 둘째 열은 각 단계에 포함되어 있는 사고 과정을 보여준다. 셋째 열은 이러한 단계들을 등식으로 나타내어 관련된 성질의 사용을 설명한다. 나눗셈에서 이 과정은 부분곱에서 수행된다.

계산 작성	해결 과정 중에 동반되는 사고	내재된 식(들), 덧셈과 곱셈 성질의 적용
$8\overline{)134}$	130 안에는 8이 몇 번 들어갈까? 또는 13 안에는 8이 몇 번 들어갈까?	$134 \div 8 = ((13 \times 10) + 4) \div 8$
$\begin{array}{r} 1 \\ 8\overline{)134} \\ -80 \\ \hline 54 \end{array}$	몫에서 1은 십의 자리에 있고, 10이 8번 있으면 80이다. 피제수 134에서 80을 뺀다. 차는 54이다.	$\begin{aligned} 134 \div 8 &= (80+54) \div 8 \\ &= (80 \div 8) + (54 \div 8) \\ &= 10 + (54 \div 8) \end{aligned}$
$\begin{array}{r} 16 \\ 8\overline{)134} \\ -80 \\ \hline 54 \\ -48 \\ \hline 6 \end{array}$	몫에서 6은 일의 자리에 있고, 6이 8번 있으면 48이다. 차 54에서 48을 뺀다. 나머지는 6이다.	$\begin{aligned} 134 \div 8 &= 10 + (54 \div 8) \\ &= 10 + ((48+6) \div 8) \\ &= 10 + ((48 \div 8) + (6 \div 8)) \\ &= 10 + (6 + (6 \div 8)) \\ &= (10+6) + (6 \div 8) \end{aligned}$
답 : 16, 나머지 6 / $16\frac{3}{4}$ / 16.75		

[그림 2.4] $134 \div 8$의 사례를 통해 나눗셈 표준 알고리즘에서의 덧셈과 나눗셈의 성질을 보여주는 추론과 등식

> 나눗셈의 성질에 대한 논의를 위해서 「곱셈과 나눗셈의 필수 이해 : 3학년~5학년까지」(Otto 외, 2011)를 참고하시오.

기본적인 곱셈구구를 배우는 것은 덧셈의 자릿값과 성질들을 연결시켜 준다. 7×6을 살펴보자. 이는 많은 학생들에게 도전적인 문제이다. 만약 학생이 7×6이 7씩 6그룹 또는 7+7+7+7+7+7임을 이해한다면, 그들은 7씩 무엇이든지 만들 수 있다. 일반적인 경우 중 하나가 7×5+7이다. 그러나 이것이 유일한 경우는 아니다. 예를 들어, 만약 7×3이 21임을 안다면, 이 문제를 (7+7+7)+(7+7+7)=(7×3)+(7×3)=21+21=42로 해석할 수 있다.

덧셈식을 곱셈식으로 바꾸는 것은 학생들이 연산 간의 연결성을 이해하게 도와주며 문제를 풀 때 이를 사용하게 하고, 결과적으로 구구를 기억하게 한다. 이러한 덧셈의 성질은 표준 알고리즘과 학생들이 만들어 낸 알고리즘이 옳은지 증명할 수 있게 해 준다(필수 이해 2d).

> **필수 이해 2d**
> 덧셈의 성질은 계산 알고리즘이 옳음을 증명하는 데 중요하다.

3) 대수

초등학교에서 대수의 역할은 패턴이 반복되고 심화될 때 이따금 등장하는 것을 넘어서야 한다. 사실상 대수는 수와 연산

의 관계와 성질을 보다 자세히 들여다보기 위한 렌즈로서 설명될 수 있다. 이는 덧셈과 뺄셈의 경우에 반드시 참이다. [그림 2.5]의 한 부분이며 앞서 제1장에서 예시를 통해 소개되었던 아이디어인, 뺄셈이 덧셈의 역연산이라는 필수 이해 1b를 떠올려 보자.

필수 이해 1b
뺄셈은 덧셈과 역관계를 갖는다.

입력	출력
1	3
5	7
8	10
11	13

x ➜ 더하기 2 ➜ $x+2$

[그림 2.5] 덧셈 연산인 더하기 2

표와 함수기계는 덧셈과 뺄셈의 가역성(필수 이해 1b)뿐만 아니라 수의 *일반화* 가능성을 보여준다. 이 표는 학생들이 입력으로부터 출력이 '더하기 2'의 관계라는 것과 출력으로부터 입력이 '빼기 2'의 관계라는 것을 알게 해 준다. 학생들이 이러한 규칙을 인식하게 되면, 그들은 100이나 500과 같은 큰 수를 적용해 보려 할 것이다. 또 이 규칙이 항상 적용된다는 것을 알게 되면, 이것이 특정 사례에만 해당되는 것이 아니라 *일반적으로* 적용되는 것임을 알게 될 것이다. 다시 말해서 학생들은 이 규칙이 *일반화*된다는 것을 깨닫게 된다. 학생들이 다양한 수적 사례를 일반화할 때 그들은 대수를 하게 되는 것이다. 학생들이 다음의 문제들을 풀고 있다고 가정해 보자.

$14-9=$ $12-9=$ $15-9=$ $18-9=$

학생들이 사고함에 있어서 대수적 렌즈의 사용이 어떻게 다양한 전략을 찾고 이러한 구구를 오래도록 기억하게 도울 수 있는지 살펴보자.

학생들은 이러한 문제들을 해결하기 위해 다양한 도구와 전략을 사용한다. 100까지의 수 배열표는 처음 값과 결괏값이 서로 어떻게 연결되는지를 시각화해주는 효과적인 도구이다. 정답을 구한 뒤 멈추지 말고 학생들의 아이디어를 평가하면서 그들이 알게 된 패턴에 관한 대화를 이어갈 필요가 있다. 이러한 일반화가 대수적 사고이며, 이러한 추론이 덧셈과 뺄셈을 잘 해결할 수 있도록 하는 데 중요하다. 학생들은 모든 경우에 있어서 -9 대신에 $-10+1$을 사용할 수 있었음을 깨달을 것이다. 이런 문제들에 대한 논의는 최종적으로 다음과 같은 두 가지 중요한 질문을 포함해야 한다.

1. 모든 사례들에 $-10+1$ '규칙'을 적용할 수 있는가?
2. $-10+1$ '규칙'은 임의의 '빼기 9' 문제에 적용 가능한가? 또는 언제 이 규칙을 적용할 수 있는가?

이 경우에는 이 규칙이 항상 적용되며 기호적으로 $n-9=n-10+1$로 쓸 수 있다.

이 책의 전반에서 다루고 있는 수의 합성과 분해 개념은 대수적 사고를 기초로 한다. 예를 들어, 만약 부분-부분-전체 상황에서 7이 전체라면, 무엇이 부분이 될 수 있을까? 아마도 3과 4, 1과 6 등이 가능할 것이다. 학생들에게 7을 자연수로 분해할 수 있는 모든 방법들을 찾아보라고 할 수 있다. Yackel(1997)의 나무에 있는 원숭이들에 관한 유명한 맥락을 살펴보자. 학생들은 어떻게 원숭이 7마리를 나무 2개로 분배할 수 있는가? 학생들이 궁극적으로 대답해야만 하는 보다 도전적인 질문은 "우리가 모든 해결 방법을 찾았다는 것을 어떻게 알 수 있는가?"이다. 학생들은 모든 방법을 찾기 위해 목록을 작성하거나 [그림 2.6]과 같은 표를 만들 것이다.

큰 나무	작은 나무
5	2
6	1
4	3

[그림 2.6] 나무 2개로 원숭이 7마리를 분배하는 방법들을 나타내는 표

학생들이 표에서 패턴을 찾고 그들이 모든 방법을 찾았음을 알려주는 규칙을 알기 위해 노력할 때, 그들은 일반화를 하게 되고 대수적 사고를 사용하게 된다. 예를 들어, 학생들은 0부터 7까지 모든 수로부터 (0+7, 1+6, ⋯, 7+0)이라는 한 가지 방법을 알 수 있을 것이다. Carpenter, Franke와 Levi(2003)는 2학년 학생들이 이 문제에서 주어진 수의 크기보다 큰, 즉 8가지의 가능한 방법이 있음을 발견했다고 보고하였다.

결과적으로 덧셈과 뺄셈 문장제를 해결할 때 대수적 렌즈를 사용하는 것은 학생들이 등식을 쓰는 방법을 확장시켜 준다. 제1장에서 제안한 것처럼 문장제에서의 수적 관계는 예를 들어, $a+\square=b$ 또는 $b-a=\square$처럼 여러 가지 방법으로 표현될 수 있다. 첫째 등식은 가수가 미지수인 경우로, 학생들은 후에 이러한 미지의 수량을 변수로 나타낼 것이다. 학생들에게 $5+\square=4+8$과 같은 대수적 형태의 등식을 풀도록 요구하는 것은 그들이 등호 기호를 잘 이해하도록 도와주며 합에 관한 경험을 제공하고, 수 관계를 이해하도록 도울 수 있다. $5+\square=4+8$의 경우 왼편 첫째 가수 5가 오른편 첫째 가수 4보다 1만큼 크기 때문에 왼편 둘째 가수는 반드시 오른편 둘째 가수 8보다 1 커야 한다는 아이디어를 적용할 수 있다. 이 절에서의 논의는 덧셈과 뺄셈이 대수를 위한 기초들을 단순하게 제공하는 것이 아님을 보여준다. 이러한 산술적 연산과 대수는 서로 밀접한 관계를 지니며 상호 간에 학습을 돕는다.

제3장은 등호 기호 사용에 대한 이해와 덧셈, 뺄셈에 관한 개념의 개발이라는 중요한 주제에 대한 논의를 포함하고 있다.

4) 측정 개념

대수와 마찬가지로 측정은 덧셈, 뺄셈 개념과 매우 밀접하게 연결된다. 측정 분야에서 학생들이 탐구하는 관련 개념은 시간, 무게, 길이의 측정 즉, 두 물체의 길이 비교(뺄셈), 둘레 문제를 포함하는 다양한 맥락에서 길이의 합, 모양들의 넓이의 합(또는 각 측정) 등을 포함한다. 다음의 예에서 측정과 덧셈, 뺄셈 간의 연결성이 얼마나 밀접한지 알 수 있다.

예 1 : 형이 여러분에게 45분 뒤에 비디오 게임을 해도 된다고 말했다. 시계를 보니 지금은 5 : 07이다. 여러분은 몇 시에 게임을 하러 돌아와야 하는가?

예 2 : 태어났을 때 5인치였던 뱀이 어른이 되어 17인치까지 자랐다고 가정해 보자. 뱀은 태어났을 때부터 어른이 되었을 때까지 몇 인치가 자랐는가?

예 3 : 울타리의 한 조각의 조감도가 아래의 왼쪽과 같고 하나의 테라스 타일이 오른쪽과 같다고 가정해 보자.

아래의 그림과 같이 테라스를 만든다고 할 때 몇 개의 울타리 조각이 필요한가? 만약 전체의 테라스를 다음과 같이 타일로 덮는다고 할 때, 이 공간에는 몇 개의 타일이 필요한가?

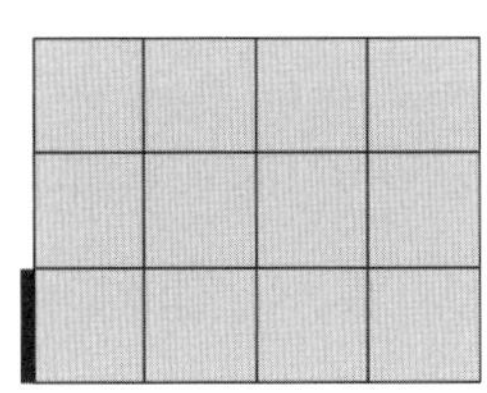

이제 위 문제에 대한 학생들의 가능한 접근 방법에 대해 논의할 것이다.

학생들은 예 1을 풀기 위해 여러 가지 방법을 사용할 것이다. 누군가는 45와 7을 더해야 함을 깨닫고 처음의 7을 나누어 45 + 5 + 2 = 52를 통해 5 : 52이 비디오 게임을 하기 위해 돌아와야 하는 시각임을 구할 것이다. 또는 이어 세기, 뛰어 세기, 10씩 네 번에 5를 한 번 더해서 5 : 17, 5 : 27, 5 : 37, 5 : 47, 5 : 52과 같이 이 문제를 해결할 수도 있다.

첫째 전략은 학생들이 분을 더하고 분을 셀 수 있는 대상으로 생각하고 있음을 인지하는 것을 보여준다. 둘째 전략은 원 내에 0부터 12까지의 수들이 곡선의 형태로 제시되어 있는 원형의 아날로그 시계에서 개념적으로 적용되어진다.

예 2는 비교 상황을 나타낸다. 학생들은 뱀이 처음 태어났을 때와 자랐을 때의 길이를 비교한다. 그들은 그림을 그리거나 연결큐브나 퀴즈네어 막대를 이용한 조작을 통해 물리적으로 비교를 할 수 있다([그림 2.7]에서 b는 처음 태어났을 때의 길이, a는 자라서 어른이 되었을 때의 길이). 학생들은 문장제에 제시된 맥락과 방법으로 인해 주로 '세어 올라가기' 전략을 사용할 것이다. 그러나 17부터 세어 내려갈 수도 있다. 이 문제에 대해 다양한 방법으로 생각해보도록 격려하는 것은 학생들이 덧셈과 뺄셈을 더 깊이 이해하는 데 중요하다.

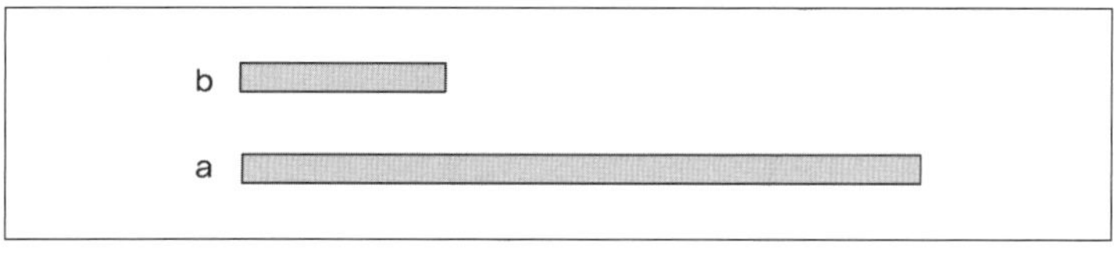

[그림 2.7] 뺄셈 맥락으로서 측정 비교하기

넓이와 둘레는 후속 학년의 내용이긴 하지만, 예 3은 간단히 덧셈 맥락을 제공하면서도 이러한 개념의 후속 학습을 지원하는 아이디어를 형성하게 한다. 학생들은 울타리 부분을 하나씩 세면서(아마도 재료들을 가지고 그 과정을 시연해 보면서) 둘레를 구할 수 있다. 또는 각각의 모서리에 필요한 울타리 길이가 몇 개인지 구한 뒤 네 변의 수량을 더하여 해결할 수 있다.

그들은 또한 각각의 타일을 세면서 그 공간에 알맞은 타일이 몇 개인지 결정하거나(아마도 공간의 모델을 만들기 위해 색 타일을 사용하면서) 4씩 세 줄이 있음을 보고 덧셈을 반복하여 구할 수도 있다. 어린 학생들은 동일한 유형의 보다 도전적인 문제를 풀 수 있다. 예를 들어, 학생들은 상자를 잘라서 펼치고 표면에 몇 개의 정사각형이 들어가는지, 그것들을 채우기 위해 몇 개의 정육면체가 필요한지를 구하기 위해 자신들의 덧셈 기술을 적용해 볼 수 있다. 이러한 측정 문제는 어린 학생들에게 넓이와 부피를 형식적으로 구하는 것이 아닌, 측정과 덧셈의 재미있는 맥락을 제공한다. 학생들은 수가 커질 때 전체 양을 구하기 위하여 100까지의 수 배열표, 수직선, 또는 십진 블록을 사용할 수 있다.

양과 측정에 대한 추가적인 논의를 살펴보려면 「수와 기수법의 필수 이해 : 유아·유치원~2학년까지」(Dougherty 외, 2010)를 참고하시오.

측정과 덧셈, 뺄셈은 서로 시너지 효과를 낸다. 측정은 덧셈과 뺄셈을 위한 흥미로운 맥락을 제공하며, 측정 맥락의 사용은 학생들이 측정과 연산 둘 다를 이해하도록 돕는다.

5) 자료의 표현

자료를 분석하고 해석하는 전략은 덧셈과 뺄셈 개념에 기초한다. 막대그래프를 만들 때 저학년 학생들은 자신들이 보는 것을 분석해야 한다. 학생들은 자료를 비교하거나("양보다 말을 좋아하는 사람이 얼마큼 더 많은가?"와 같은 질문을 생각해 보면서) 자료를 결합할 수 있다("몇 명의 사람들이 농장의 동물을 골랐는가?"와 같은 질문을 생각하면서).

벤 다이어그램은 어린 학생들이 자료를 보고 비교할 수 있는 또 다른 방법이다. 1학년 학생 18명 그룹에 대한 자료를 보여 주는 [그림 2.8]을 살펴보자. 처음에 교사는 자료를 살펴보면서 학생들에게 다음과 같이 세기와 관련된 발문을 할 것이다.

- 여자 형제와 남자 형제 둘 다 있는 학생은 몇 명인가? (3)
- 여자 형제가 있는 학생은 몇 명인가? (7; '여자 형제'에

해당하는 원 중 '여자 형제만' 있는 부분과 '남자 형제'와 '여자 형제' 둘 다 있어서 겹쳐지는 부분을 합해야 함)

- 남자 형제가 있는 학생은 몇 명인가? (10)
- 남자 형제 또는 여자 형제가 있는 학생은 몇 명인가? (14)

"또는"이라는 질문은 가장 어려우면서도 가수의 양은 중복될 수 없다는 덧셈의 중요한 성질과 관련이 있다(제1장의 예 13 참조). 학생들은 정답이 $7+10$으로 얻어낸 17인지, 아니면 벤 다이어그램의 두 원 내부에 있는 것들을 모두 세어서 얻은 $7+3+4$의 14인지 토의하게 될 것이다. 남자 형제 또는 여자 형제가 있는 학생들을 일으켜 세워 봄으로써 옳은 답이 14임을 보일 수 있다. 교사가 두 원이 겹쳐지는 부분에 해당하는 학생 3명을 두 번 세는 상황이 다른 답을 나타낸다는 것을 보이는 것이 중요하다. 이러한 별개의 그룹에 대한 개념은 중학교나 고등학교에서 학생들이 수 세기에 대한 공식을 사용함으로써 보다 정교화된다. 저학년 때의 이러한 경험이 중요한 개념적 기초를 제공한다.

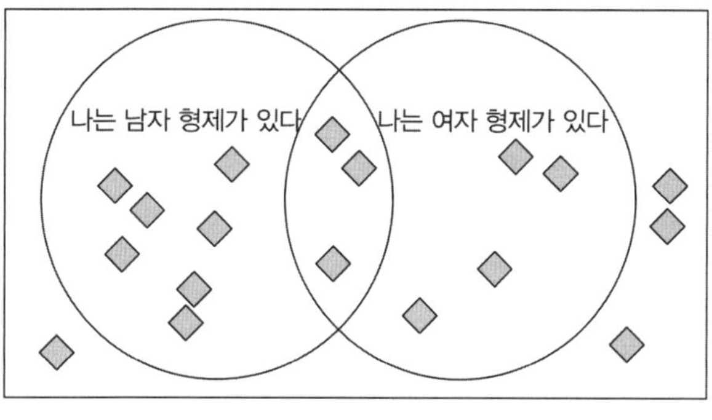

[그림 2.8] 1학년 학생들로부터 수집한 자료

Big idea

핵심 아이디어 2
자연수의 덧셈과 뺄셈의 계산 절차를 이해하기 위한 수학적 기초는 덧셈의 성질과 자릿값이다.

6) 이후의 주제들과의 연계

요컨대, 덧셈과 뺄셈의 계산 절차의 기초인 자릿값, 덧셈의 성질에 관한 핵심 아이디어 2는 수학 교육과정 내에서 수많은 중요한 주제들과 관련이 있다. 대수, 측정, 자료 영역에 있어서 맥락을 통해 활동하고 자릿값과의 명시적인 연결을 형성함으로써 학생들은 덧셈과 뺄셈을 깊게 이해하게 되고 이러한 이해에 따라 보다 어려운 주제들을 탐구할 준비를 갖추게 된다.

03 결론

이 장의 주요 내용을 빠르게 되돌아보면, 덧셈, 뺄셈과 다른 수학 내용들의 막대한 중요성에 대해 알 수 있다. 앞서 설명한 연계는 최종적으로 두 가지 중요한 내용을 제기한다.

첫째, 덧셈과 뺄셈이 기본 주제로서 역할을 할 수 있도록 분명하고 깊이 있는 개념적 이해가 필요하다. 예를 들어, 만약 덧셈과 뺄셈의 부분-부분-전체의 본질을 이해하지 못한다면 학생들은 부분-전체의 개념을 형성하기 위한 기본으로서 이를 사용하지 못할 것이다. 마찬가지로, 덧셈과 뺄셈을 할 때 이산 모델과 연속 모델을 충분히 사용한 학생들은 이 모델들을 곱셈과 나눗셈, 분수와 소수의 연산에도 적용할 수 있다. 앞서 설명한 것처럼, 학생들은 소수의 연산을 해결하기 위해서도 자연수의 뛰어 세기에 대한 지식을 적용할 수 있다. 그러나 이는 자연수의 덧셈과 뺄셈에 대한 경험을 충분히 했을 때만 가능한 일이다.

둘째, Adding it up(Kilpatrick, Swafford와 Findell, 2001)에서 언급한 것과 마찬가지로 개념적 이해와 절차적 숙달은 서로 밀접하게 얽혀있다. 자릿값과 덧셈, 뺄셈 간의 연결성, 덧셈과 곱셈, 나눗셈 간의 연결성, 그리고 절차의 일반화(대수)에 대한 이해는 덧셈과 뺄셈의 개념적 이해와 절차적 숙달 모두를 필요로 한다. 즉, 덧셈과 뺄셈에 대한 깊은 이해를 발전시키는 것은 자릿값 개념, 대수적 사고, 다른 주제들에 관한 아이디어들을 지원하고 또 지원을 받는다. 계산에 있어서, 자연수의 덧셈과 뺄셈을 능숙하게 수행하는 것은 분수, 소수, 정수와 같은 수의 다른 형식에서 수학을 능숙하게 하는 데 있어서 필수적이다.

제3장

도전 : 학습, 교수, 평가

십 몇에 관한 뺄셈에서 학생들의 수행을 연구하기 위한 문제에 초점을 맞추고 있는 두 협력 교사 간의 대화를 살펴보자. 각 조합의 이점에 대해 논의하면서, 두 교사는 학생들의 뺄셈 학습을 강화하기 위한 최선의 결정을 하기 위하여 학생의 지도 방법에 대한 이해와 경험 등의 교수학적 지식을 내용 지식과 통합하게 된다.

두 교사의 수업 계획을 살펴보자. 윌슨 선생님과 이 선생님은 학생들이 뺄셈과 덧셈의 역연산 관계에 대해 알 수 있는 가장 적합한 방법에 대해 논의하고 있다. 그들은 두 가지 사항을 결정하였다. (1) 7장의 카드를 가지고 있고, 카드 세트를 완성하기 위해 카드가 더 필요한 한 소녀에 관한 맥락을 사용한다. (2) "그녀는 몇 장의 카드를 더 모아야 할까요?"라고 질문한다. 그들은 가장 기본적인 식으로서 $13-7=\square$와 $12-7=\square$ 중 어느 것을 사용할지에 대해 논의하고 있다. 또한 학생들이 자릿값에 대한 선행 지식을 기반으로 차를 구하는 데 있어서, 기준수로서 10을 사용할 것을 탐구하고 발견하는 것을 가능케 하는 기회를 제공하고자 한다.

윌슨 : 우리는 학생들이 뛰어 세면서 더해가기와 기준수로서 10을 사용하여 두 수의 차를 구하도록 하는 문제를 마련할 필요가 있어요. 이는 학생들이 보다 큰 수들을 다룰 때에도 도움이 될 거예요.

이 : 동의해요. 그러나 저는 12가 더 적절한 수라고 생각해요. 왜냐하면 3 더하기 3보다 3 더하기 2의 조합이 학생들에게 더 쉽기 때문이에요. 학생들이 어려운 조

합을 이해하는 데 애쓰기보다는 가능한 쉬운 조합을 제공해서 뺄셈 과정에 대한 이해에 초점을 맞출 수 있었으면 좋겠어요. 뺄셈 절차가 확고히 자리 잡은 뒤에 보다 복잡한 수들을 추가할 수 있어요. 또, 맥락상으로도 카드 한 세트는 12장이 더 자연스럽다고 생각해요. 12가 연관 짓기에 보다 쉬울 것 같아요.

윌슨 : 맞아요. 그러나 저는 학생들이 3 더하기 3이라는 '두 배' 조합을 더 친숙하게 생각할 것 같아요. 또 10으로부터의 차이가 3씩 동일한 경우가 문제에 대한 이러한 사고 과정을 이해하는 데 도움이 될 것 같아요. 13과 7 비교를 시각화하기 위해 학생들이 10틀을 집어 드는 것을 볼 수 있었어요. 저는 문제에서 13을 사용하는 것이 그들이 탐구하는 데 보다 좋은 출발점이 될 것이라고 생각해요. 또 이를 가수가 미지수인 관련 문제 $7+\square=13$과 연결 지을 필요가 있어요.

01 덧셈과 뺄셈을 위한 단계 설정하기

윌슨과 이 교사처럼 덧셈과 뺄셈에 대한 학습 단계를 설정할 때 교사는 학생들의 선수 지식을 신중하게 고려해야 한다. 교사는 학생들이 가정에서 획득하는 수학적 경험과 학교에서의 수학 학습을 연결할 수 있도록 계획적이고 전략적으로 접근해야 한다. 덧셈적 사고를 위해 수립하는 토대는 학생들의 산술적 추론에 영향을 주고 곱셈적 사고를 개발하며 보다 어려운 학습을 위한 비계를 제공하는 수학 개념의 중요한 기초가 될 것이다.

덧셈과 뺄셈에 관한 수업 과제를 선정할 때에는 학생들의 이해에 가장 초점을 맞추어야 한다. 특히, Kilpatrick, Swafford와 Findell(2001)이 정의한 5가지 수학적 능력((개념적 *이해*(conceptual understanding), *계산*(computing : 절차적 숙달), *적용*(applying : 전략적 능력), 적응 *추론*(adaptive reasoning), *흥미*(engaging : 생산적 성향))에 대한 학생의 숙달 정도를 고려하는 것이 매우 중요하다. 수학적 능력 요소들의 알파벳 표기의 머리글자를 따서 만든 UCARE는 이 요소들을 쉽게 기억할 수 있게 해 준다(NRC, 2002). 이와 같은 5가지 수학적 능력 요소들은 저학년에서 덧셈과 뺄셈에 관한 교수학적 고찰에 따른 탐구를 통해 상호 융합적으로 신장된다.

02 표현과 모델

구체(concrete) – 반구체(semi – concrete) – 추상(abstract)(CSA)의 지도 순서(구체(concrete) – 표현(representational) – 추상(abstract)[CRA] 수업 접근으로 알려져 있기도 함)는 수학교육에서 수년간 다양한 형태로 활용되어 왔다(Hedden, 1964; Witzel, Mercer와 Miller, 2003). 이는 구체적 표현과 모델을 반구체적 표현과 이미지로, 또 이를 기호와 추상으로 연결하는 연속적인 모델을 나타낸다. 학생들은 구체적 표현을 탐구하면서 아이디어를 추상적 표상과 연결 지을 수 있게 된다. 이러한 접근은 학생들이 이전의 아이디어와 연결하며 새로운 개념을 학습할 때 모델의 각 요소들을 거치며 순환하는 과정을 따른다. CSA 모델은 수학적 능력을 개발하기 위한 수단으로서 개념적 이해를 강조한다. 각 표현을 거치며 학생들의 사고가 개발되면서, 이러한 과정은 개념 간의 연결을 돕고 학생들이 덧셈과 뺄셈에 대해 충분히 이해하고 숙달할 수 있게 해 준다.

덧셈과 뺄셈을 지도할 때 학습 목표를 달성하기 위해 교사가 선택하는 조작 자료들이 학생들의 사고와 그들의 개념적 모델 형성에 영향을 미친다는 점을 인지해야 한다. 교사가 1인치 큐브, 플라스틱 셈돌, 수 막대, 십진 블록, 100까지의 수 배열표, 수직선 중에 무엇을 선택하든지 간에 이러한 자료들은 학생들에게 개념에 관한 풍부한 시각적 표현을 제공할 것이며 보다 추상적인 사고를 위한 기초를 제공할 것이다. 조작 자료들이 학생들의 사고를 지원하는 데 강력한 도구가 될 수 있더라도, 이 자료들의 효과적인 사용은 어려운 과제이다(Leinhart 외, 1991). Ma(1999)는 "그러나 좋은 수단이 옳은 목표 도달을 보증하는 것은 아니다. 학생들이 조작 자료를 가지고 학습하는 방향은 대체로 교사의 지도에 좌우된다(p.5)."라고 주장하였다. 예컨대, 한 교사는 덧셈 문제에서 1000을 표현하기 위해 십진 블록 세트 중에 커다란 큐브 하나를 사용할 수 있다. 그러나 몇몇 어린 학생들은 큐브의 여섯 면의 정사각형만을 보고 그 큐브가 600을 나타낸다고 잘못 생각할 수 있다. 자료들은 보통 우리 어른들이 생각하는 것보다 더 추상적이며, 우리는 개념적 비약을 하곤 한다.

조작 자료의 영향 중 한 예로서, 만약 교사가 큰 수를 효과적으로 다룰 수 있게끔 준비시키기 위해 단순히 세기 전략을 사용하는 것 이상을 학생들에게 요구하고, 이를 위하여 전략적으로 수직선과 빈 수직선 모델을 택하는 상황을 생각해 보자. 이러한 특정 표현을 접할 때, 대다수의 학생들은 수를 '묶고' 수직선 위에서 뛰어서 위치를 이동하는 '뛰어 세기' 전략(제2장에서 논의하였고, 아래에서 다시 설명할 것이다)을 사용할 것이다.

03 문장제의 구조

필수 이해 1c
여러 문제 상황이 부분–부분–전체 관계와 덧셈, 뺄셈으로 표현될 수 있다.

필수 이해 1c와 관련하여 제1장에서 설명한 것과 같이, 덧셈과 뺄셈에서 문장제의 구조를 분석하면 크게 (1) '첨가', '합병', '분리', '덜어내기'와 몇몇 비활동 상황으로 표현되는 부분–부분–전체, (2) 서로 다른 두 집합에서 더 작은 그룹과 더 큰 그룹을 찾는 상황으로 표현되는 비교의 두 가지로 범주화된다. 교수와 평가에 있어서 이것은 무슨 의미를 지닐까? 교사가 선택하는 문장제는 이러한 모든 범위를 포함해야 한다. 만약 그렇지 않으면, 학생들은 교사가 빠뜨린 문제 유형을 해결하는 방법을 찾는 데 어려움을 겪을 수 있다. 예를 들어, 학생들에게 뺄셈에 있어서 가장 일반적인 유형인 '덜어내기' 문장제만을 제공한다면, 학생들은 두 학생의 키를 비교하는 뺄셈 상황은 인지하지 못할 것이다. 사실, 비교 문제는 교과서와 수업에서 상대적으로 적게 다루어지며, 따라서 학생들은 평가 시 이를 놓치기 쉽다. 특히 참조 수량이 미지수인 비교 문제는 학생들이 해석하기에 가장 어려운 유형이며 수업에서도 가장 적게 강조된다. 이러한 문제에 관한 다음의 두 가지 사례를 살펴보자.

1. 커트니는 음악 CD 10장을 가지고 있다. 커트니의 CD는 컨트리 음악이거나 힙합인데, 힙합 CD보다 컨트리 CD가 4장 더 많다. 커트니가 가지고 있는 컨트리 CD와 힙합 CD는 각각 몇 장일까?
2. 모건의 냉장고 안에는 7개의 사과와 오렌지가 있다. 사과가 오렌지보다 3개 더 많다면 모건이 가지고 있는 사과와 오렌지는 각각 몇 개일까?

다양한 유형의 문제 구조를 이용하는 것은 학생들에게 실생활 배경에서 발생하는 모델과 상황에 대한 토의에 참여할 수 있는 기회를 제공한다.

특수 교육 전문가들은 장애를 지닌 학생들에게 이와 같은 중요한 구조들을 명시적으로 지도함으로써 학생들이 상황의 특징을 파악하고 덧셈과 뺄셈을 사용해야 할 때를 판단할 수 있게 된다고 제안한 바 있다(Fuchs 외, 2008; Xin, Jitendra와 Deatline-Buchman, 2005). Fuchs와 동료들(2008)은 교사가 학생들이 문제의 피상적인 세부 내용들로부터 어떻게 중요한 정보를 추출하는지 뿐만 아니라 표나 차트에 제시된 문제에 어떻게 이러한 구조를 적용하는지 이해할 수 있도록 도와야 한다고 주장하였다. 문제 구조와 관련 특징들에 대한 이러한 강조는 학생들이 나중에 새로운 문제를 접하게 될 때, 그들이 연습했던 유사한 문제로부터 일반화하는 데 있어서 도움이 될 것이다(Fuchs 외, 2004).

또한, 학생들은 문장제를 표상하거나 수식으로 바꾸려고 할 때 새로운 어려움에 직면하게 된다. 예를 들어, 다음의 문제를 살펴보도록 하자.

> 라이자는 사과 8개를 가지고 있었다. 라이자가 사과 5개를 더 골랐다면, 라이자가 가지고 있는 사과는 모두 몇 개인가? 이 문제에 대해 여러분이 어떻게 생각했는지 보일 수 있는가?

이 문제는 맥락으로부터 $8+5=\square$로 바로 바꿀 수 있다. 이어지는 문장제와 비교해보도록 하자.

> 에만도는 12센트를 가지고 있다. 그가 원하는 카드를 구입하기 위해서는 25센트가 필요하다. 그는 얼마가 더 필요할까?

필수 이해 1d
부분–부분–전체 관계는 $a+b=c$ 또는 $c-b=a$ (이때 a와 b는 부분, c는 전체)와 같은 수식을 사용하여 표현이 가능하다.

문장제의 의미를 그대로 따르면, 이 문제는 $12+\square=25$ 또는 $25-12=\square$로 변환할 수 있다. 이 문제는 $25-\square=12$로 바꿀 수도 있다. 필수 이해 1d에서 제시하였듯이, 이러한 구조의 문장제는 수많은 등식으로 표현이 가능하며, 학생들이 덧셈과 뺄셈을 보다 깊게 이해할 수 있는 좋은 기회를 제공한다. 다양한 방법으로 식을 써 보고 그 식의 동치에 대해 토의하며, 각 식이 상황을 옳게 표현하는지 증명해 보는 것은 수학적 능력인 UCARE 요소에 관하여 학생들이 탄탄하게 이해하도록 도울 것이다.

학생들이 문장제를 기호를 사용한 식으로 표현하는 과제를 명시적이고 전략적으로 배운다면, 이를 보다 능숙하게 처리할 수 있게 된다(Lochhead와 Mestre, 1988). 문장제에 제시된 정보를 이용하여 식을 만들 때, 학생들은 이따금 왼쪽에서 오른쪽으로, 또는 낱말 순서대로 이동하는 실수를 범하고는 한다. 이러한 언어의 기호화와 그것을 숫자 기호로 전환하는 일은 특히 타 언어를 모국어로 하는 영어 학습자들(ELLs)에게 쉽지 않은 과제이다. 즉, 대수적 사고의 기초가 작용하기 시작하는 것이다. Lochhead와 Mestre(1988, p.133)는 다음의 모델 구성을 통해 학생들의 *질적*, *양적*, *개념적* 이해에 대한 3단계 과정을 제안하였다.

1. **학생들의 질적 이해를 탐구한다.** 학생들이 문제를 이해했는지 알아보고자 할 때, 질문을 통해 그들이 문제를 얼마나 잘 이해했는지에 대한 이해의 기초를 파악해야 한다. (고학년 학생들에게는 그들의 말로 재진술 해 보도록 요구할 수 있다.) 이어서 학생들의 어려움에 있어서 그들이 경험하고 있는 수학적 혼동과 읽기, 해석상의 어려움을 구분해야 한다(특히 영어 학습자들의 경우). 때로는 두 가지가 동시에 작용할 수도 있음을 기억하라. 교사는 "_______ 또는 _______가 더 많이 있니?" 또는 "사과 8개는 전체 수량의 부분일까, 아니면 전부일까?"와 같은 질문을 할 수 있다.

2. **학생들의 양적 이해를 탐구한다.** 만약 학생들이 문제 상황의 기초적 이해를 표현하는 데 어려움을 보인다면, 교사는 학생들이 수적 관계를 얼마나 잘 이해하는지 알아보기 위해 동일 문제를 단순화할 수 있다. 교사는 "10개의 ______이 있다고 가정해 보자; 너는 _______이 얼마나 더 필요하니?"와 같이 단순화하여 질문할 수 있다.

3. **학생들의 개념적 이해를 탐구한다.** 마지막으로, 학생들이 식을 쓸 때, 그들의 이해를 파악하기 위한 질문을 제기해야 한다. 교사는 "만약 주어진 수가 ________에서 ____로 바뀐다면 어떻게 될까?" 또는 "만약 ________을 잃는 대신에 _______을 더 얻게 된다면 어떻게 될까?"와 같은 질문을 해 볼 수 있다. "만약 _______이 필요하다는 것을 알고 있고 _______을 가지고 있다면, 다른 부분을 어떻게 구할 수 있을까?"와 같은 질문도 가능하다. 또는 학생들 간의 활발한 토의를 야기하기 위해 교사는

특정 학생의 결과에 주목하여 "이걸 보렴. _______는 너희들과 달리 이렇게 식을 썼구나. 두 식 모두 옳은 것일까?"라고 물어볼 수도 있다.

세 단계 모두에서 교사는 '옳은' 답을 제공하는 것이 아니라 학생들이 그들의 시도에 자신감을 가질 수 있도록 도와주고 있음에 주목하자. 이러한 변화는 대화에 있어서 학생들이 수 사이의 관계에 다시 초점을 맞추도록 하며, 학급 학생들 간에 정답을 공유한 뒤 학생들의 사고가 끝나버리는 것을 막아 준다.

1) 핵심어 : 실패한 쉬운 방법

연구에 따르면 문장제를 해결할 때 학생들에게 핵심어를 사용하는 전략을 지도하지 않는 것이 좋다. 어린 학생들이 그런 전략의 사용을 배우게 되면, 그들은 낱말을 빈번하게 잘못 해석하고 문제의 분석과 이해가 아닌, 기계적이고 때로는 부적절한 핵심어에 초점을 맞추게 된다(Kenney 외, 2005). 만약 학생들이 문장제를 풀기 위해 핵심어를 찾도록 배웠다면, 그들은 모든 문장제를 맥락에서 의미 있게 해석하려고 시도하기 보다는 핵심어를 찾아 판독하려 할 것이다. 이는 당연히 잘못된 해석과 혼동을 야기할 수 있다. 예컨대, 다음의 두 상황에서 낱말 *'더'*를 살펴보자.

1. 제시카는 9페니를 가지고 있었다. 그녀는 5페니를 쓴 뒤 1페니를 더 잃어버렸다. 이제 그녀는 몇 페니를 가지고 있는가?
2. 맥켄나는 요거트 4통을 가지고 있다. 그녀가 7일 동안 매일 아침 요거트를 1통씩 먹으려면 몇 통이 더 필요한가?

'더'가 핵심어이고 그 낱말의 뜻을 *'더하다'*라고 생각하는 학생들은 이 문제들을 풀 때 실수를 하게 될 것이다. *'모두'*와 *'총'*과 같은 낱말들의 경우도, 만약 학생이 이 낱말들이 항상 더하는 것에 관한 단일 의미를 지닌다고 믿는다면 실수를 유발하게 할 것이다. *'남아 있는'*과 *'더 적은'* 또한 언제나 뺄셈에 관한 것이라고 믿는다면 동일한 결과를 야기할 것이다. 여기서 보다 중요한 점은 다수의 문장제는 핵심어를 갖고 있지 않음에도 불구하고, 학생들은 해결 전략을 결정하는 방법을 배우지 않은 채 단지 핵심어를 찾는 접근법을 배우게 된다는 것이다. 특히 두 단계에 걸쳐 해결해야 하는 문장제는 핵심어 접근법으로 해결하는 것이 거의 불가능하다. 불행히도, 핵심어 접근법은 교사들이 문제 해결을 어려워하는 학생들을 지도할 때 자주 사용하는 방법이며 그 학생들은 문장제에서 낱말의 미묘한 의미를 잘 처리하지 못하곤 한다.

2) 활동과 관계에 대한 추론

분명한 사실은 핵심어를 이용한 쉬운 접근법은 학생들에게 오류를 야기하기 때문에 UCARE와 같은 수학적 능력을 신장시키는 데 방해가 된다는 것이다. 문장제를 이해하는 것은 낱말과 그 배열을 이해하는 것보다 훨씬 복잡하다. 이는 문제의 맥락 내에서 수량과 명시적, 함축적 관계를 이해하는 것과 관련된다. (학생들이 문제를 보다 쉽게 이해할 수 있도록) 문장제에서 이야기와 미묘함을 제거하는 것은 실제로 학생이 문제를 포기하게 하는 것이다.

문장제 해결에서 가장 강조해야 할 것은 특정 낱말을 찾는 것보다도 활동을 조사하고 추론하는 일이다. 똑같은 낱말이 서로 다른 유형의 문장제에서 사용될 수 있다. (예컨대, *'총'*은 덧셈, 뺄셈, 곱셈, 나눗셈 모든 유형의 문장제에서 등장한다.) 우리는 학생들에게 다양한 방식의 산술적 활동을 사용하는 여러 맥락과 유형의 문장제 경험을 제공하기를 바란다. 가장 좋은 접근법 중 하나는 어린 학생들에게 자신만의 문장제를 말해보거나 써 보게 하는 것이다. 교사가 그들에게 강조하고자 하는 연산을 의도적으로 포함시킬 수도 있다. 학생들이 문장제를 만들기 시작하면, 그들은 덧셈과 뺄셈 상황을 만들기 위해

요구되는 요소들과 용어들을 알 수 있게 되고, 교사는 그들의 이해를 평가할 수 있을 것이다.

04 등식의 구조

선행 연구들은 등호(특히, 등식에서 사용되는 등호)가 학생들에게 일관된 문제를 야기함을 보여준다(RAND Mathematics Study Panel, 2003). 일부 고학년들과 성인들조차 등호의 의미와 어떻게 수식을 써야 할지에 대해 어려움을 느낀다. 따라서 진단 인터뷰는 적절한 평가 도구가 될 수 있다. (일반적으로 일대일로 진행되는) 진단 인터뷰는 학생의 지식과 개념적 전략에 대한 심도 있는 정보를 제공해 주는 중요한 평가 방법이다. 일련의 덧셈식에 관한 진단 인터뷰를 진행하는 동안 교사와 저학년 학생이 주고받은 다음의 대화를 살펴보자.

클럼 선생님 : ([그림 3.1]의 문제 $8+4=\square+5$를 가리키며) 첫 번째 문제를 보렴. □ 안에 어떤 수가 알맞다고 생각하니?

아네사 : 12요. ([그림 3.1]과 같이 12를 기록하면서)

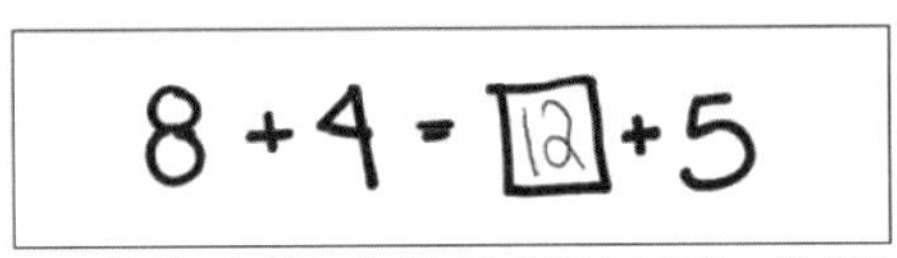

[그림 3.1] 미지수가 있는 덧셈 문제에서 보이는 학생의 어려움

클럼 선생님 : 어떻게 답을 구했니?

아네사 : 8에서 시작했어요. 그 다음 4를 더 세서 12를 구했어요. 더 큰 수에서부터 시작하는 게 더 쉬워요.

클럼 선생님 : (등호의 오른편을 가리키며) 식에 왜 더하기 5가 쓰여 있을까?

아네사 : 5를 더 더해야 하니까요?

클럼 선생님 : 등호는 무엇을 의미하는 것일까?

아네사 : 그건 '정답이 무엇인가요?'를 의미하는 거예요. 그래서 등호가 있으면, 답을 적어야 해요. 그래서 저도 12를 쓴 거고요.

클럼 선생님 : ([그림 3.2]의 문제 $\square + 5 = 5 + 8$을 가리키며) 다음 문제를 풀어보자. □ 안에 어떤 수가 알맞다고 생각하니?

아네사 : ([그림 3.2]와 같이 0을 기록하면서) 이건 쉽네요. 0 더하기 5는 5와 같아요.

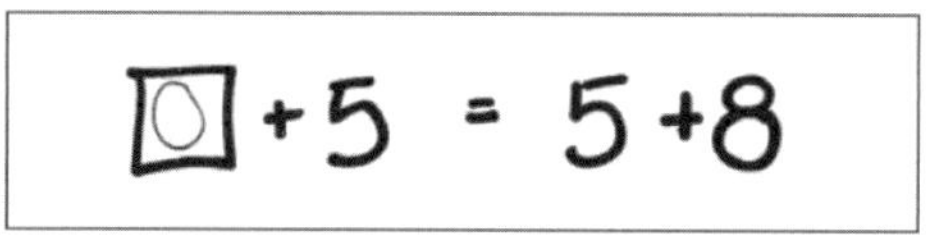

[그림 3.2] 등호에 대한 학생의 어려움

클럼 선생님 : (등호의 오른편을 가리키며) $+8$은 왜 있을까?

아네사 : 등호가 가장 마지막 수 다음으로 가면, 그 다음에 답을 쓰는 거예요.

아네사의 답변에서도 볼 수 있듯이, 만약 교사가 학생에게 등호 기호의 의미를 묻는다면, 학생들은 대게 그것이 '만든다(makes)' 같은 것을 의미한다고 대답할 것이다. 아네사와 클럼 선생님의 대화에서, 아네사는 등호가 "정답이 무엇인가요?"를 의미한다고 말했다. 아네사의 혼동은 등식의 구성 방식과 전형적인 $a + b = \square$ 형태 간의 차이가 합쳐져서 발생한 것이다. 고학년 학생들이 높은 수준의 대수적 사고를 탐구할 때, 그들은 등호가 등식의 양 쪽이 '균형을 이룬다'는 뜻에서 '동치'(그리고 Verchaffel, Greer와 De Corte(2007)에서 언급한 그 밖의 의미들)를 의미한다고 배운다. 신중하게 지식의 장을 마련하기 위해서는 등호가 연산자 +, −, ×, ÷와 같은 *'연산'* 기호가 아니라 *'관계적'* 기호임을 초기부터 강조해야 한다. 등호의 왼편에 있는 것은 등호의 오른편에 있는 것과 *'같아야(동치여야)'* 한다. (실제

「수와 기수법의 필수 이해 : 유아·유치원~2학년까지」(Dougherty 외, 2010)에서 등호의 중요성에 대해 논의하고 있다.

저울이나 가상의 조작인) 구체물 표현으로 균형을 이용함으로써, 학생들은 양 쪽의 값을 알고 등식을 탐구할 수 있다. Dougherty와 동료들(2010)은 자연수를 합성하고 분해하는 데 있어서 등호와 그 사용의 중요성에 대해 제안하였다.

학생들이 덧셈이 나타내는 다양한 맥락을 이해해야 하는 것처럼, 그들은 덧셈식과 뺄셈식을 쓰는 다양한 방식을 알아야 한다. 덧셈과 뺄셈 학습의 초기에 대부분의 학생이 보거나 사용하는 표기법은 예컨대 8+3=□와 같은 가로 방향의 표현이다. 어린 학생들이 여러 자리 수의 덧셈과 뺄셈 문제를 접하기 전까지 세로 방향으로 쓰인 등식을 보기 어려우며, 세로셈 배열의 생소함은 그들이 계산을 수행하는 데 부수적인 어려움을 야기할 수 있다.

가로 방향의 등식에 있어서도 학생들은 상황을 진술하는 다양한 방식을 알아야 한다. 단지 8+3=□(부분+부분=전체)나 8−3=□(전체−부분=부분)의 형식으로 쓰여 진 등식만 이해한다면 위에서 언급했던 등호에 대한 오개념을 유발할 수 있다(McNeil와 Alibali, 2005; Seo와 Ginsburg, 2003). 단일 접근방법에 따른 위험을 해소하기 위해서 문장제 상황과 긴밀하게 연결한 등식을 포함하여, 다양한 위치에 미지수가 있는 여러 유형의 등식을 사용할 수 있다. 예를 들어, 다음의 문장제를 살펴보자.

> 마크는 주머니 안에 들어 있는 동전의 전체 개수를 알고 싶다. 그는 동전들을 전부 꺼냈고, 5니클과 7다임을 센 뒤, 그것들을 모두 도로 집어넣었다. 마크가 주머니에 가지고 있는 동전은 모두 몇 개인가?

이 상황은 문제의 진술을 그대로 따를 경우 수학적으로 □ = 5 + 7이라고 적을 수 있다. 이러한 수식을 문제에 대한 의미론적 등식이라고 일컬을 수 있으며, 문제에서 진술한 수량의 순서와 정확하게 일치한다. 등호의 오른편에 미지수 외에 또 다른 수량이 없도록 상황을 식으로 표현할 때, 이 등식을 *계산 형식*(이는 계산기에 입력하는 형식이기도 함)이라고 한다.

등식은 여러 방식으로 쓰이며, 학생들은 등호의 양쪽 모두에 덧셈식이 포함된 등식에도 친숙해져야 한다. 예를 들어, 3+4=4+3이나 5=5와 같은 관계식도 쓸 수 있어야 한다.

학생들은 또한 4+3=5+2와 같은 식이 참인지 증명해야 한다. 이러한 수식은 등호의 양쪽에 있는 두 집합체의 수량이 같음을 나타내며, 이러한 식을 배우면서 학생들은 교환법칙의 성질뿐만 아니라 등호에 대해 더 깊게 이해할 수 있을 것이다.

05 적절한 언어 사용하기

유아·유치원~2학년까지의 학생들은 읽기 능력의 발달과 함께 수학적 능력도 길러진다. 읽기와 수학 모두 기본적 규칙과 관습을 지니며, 이해력에 좌우되고(이야기 또는 문장제에서 상황 이해하기), 교실 밖에서의 유의미한 관습적 사용이 존재한다. 각각의 경우에 초등학교에서의 적절한 용어 사용은 후속 학습을 위한 기초가 된다.

용어는 항상 학생들의 이해를 도와주어야 한다. *'받아 내림'*과 *'받아 올림'* 같은 용어는 이해보다는 절차에 초점을 둔다. 이러한 용어는 학생들에게 다음을 포함한 문제점을 유발할 가능성이 있다.

1. 학생들은 뺄셈 문제에서 만약 수가 너무 작으면 다른 수로부터의 '받아 내림'을 통해 수를 마음대로 바꿀 수 있다고 생각한다.
2. 학생들은 각 자리의 숫자가 나타내는 수의 크기보다 숫자 자체에 초점을 둔다.
3. 학생들의 십진기수법에 대한 이해를 강화하지 못한다.

등가교환 개념에 관심을 둔 용어는 학생들의 이해를 강화하고 지원하는 데 보다 강력한 힘을 지닌다. Ma(1999)는 일반화의 과정으로서 10의 교환을 활용하여 보다 큰 자리의 수를 분해하거나 합성하는 것과 관련된 용어의 사용은 다양한 문제 상황에 적용될 수 있다고 제안하였다. 구체물을 분리하거나 묶음으로써 학생들은 십진법 체계의 구조를 경험할 수 있다. 예를 들어, 42 − 27 = □와 같은 문제에서, 학생들은 "내가 2에서 7을 뺄 수 있을까?" 대신에 "40 얼마에서 20 얼마를 뺄 수 있을까?"를 먼저 생각해야 한다. 받아 내림과 받아 올림은 엄밀히 말해서 1과 같은 하나의 수가 왼쪽이나 오른쪽으로 이동하는 절차적 단계이다. 따라서 일반적으로 사용되고 많이 연습되었으며 우리에게 익숙한 이러한 용어는, 궁극적으로는 비효율적인 용어이며 연산과 관련된 개념을 지니는 다른 용어로 대체되어야 한다.

덧셈과 뺄셈 지도는 학생들이 부분−부분−전체 구조에서의 자연수뿐만 아니라 유리수나 정수, 대수 체계에서의 식과 같이 이후에 접하게 될 다른 수들의 연산을 준비하는 것과도 관련된다. (첫째 수를 출발점으로 생각했을 때) "덧셈은 더 크게 만든다."와 "뺄셈은 더 작게 만든다."와 같은 말은 학생들이 정수를 접하거나 0을 포함하는 등식을 해결해야 할 때에는 더 이상 성립하지 않는다. 5 − 7과 같은 계산은 '불가능하다'라는 잘못된, 그렇지만 보편적인 주장을 들은 다수의 학생들은 그들이 음수에 대해 배울 때 결국 인지적 갈등을 경험하게 된다. 정수 체계에서 덧셈은 실제로 '더 작게 만들 수' 있고 뺄셈도 '더 크게 만들 수' 있다. 이러한 갈등은 예측 가능하며, 용어는 학생의 선행 지식이 후속하는 수학 개념에 유의미한 기초를 형성하도록 제공되어야 한다. 그 뒤에 덧셈과 뺄셈의 다른 수 체계로의 확장이 이루어지는 것이 보다 정교한 이해를 위한 논리적 진행에 적합할 것이다. 이러한 일부 용어의 수정은, Piaget(1928)의 학습 과정에 대한 설명을 빌리자면, 새로운 지식이 조절(accommodated)보다는 동화(assimilated)되도록 한다. 어려운 개념으로 인한 개념적 갈등 없이 덧셈과 뺄셈에 대한 기초적인 아이디어를 지도하는 일은 교사에게 도전적인 과제이다.

06 학생들이 개발한 전략들

문장제를 다양한 방식의 식으로 써 보는 것이 중요한 것처럼, 학생들이 덧셈과 뺄셈 전략들을 개발하는 것도 중요한 가치를 지닌다. 학생들이 개발하는 전략들은 수에 대한 그들의 이해에 기초하며(필수 이해 1a에서 함의하고 있듯이), 그러한 전략들은 학생들의 수학적 능력(이해, 계산, 적용, 추론, 흥미의 UCARE 5가지 요소)을 지원하고 반영한다. 너무 일찍 전통적 알고리즘을 소개하는 것은 학생들의 개념적 이해를 저해하고 학습 초기에 암기와 절차적 기능에 부적절하게 초점을 맞추도록 하는 부작용을 야기한다(Kamii와 Dominick, 1998). 초등학교 급에서는 각 자리의 숫자 대신에 수에 초점을 맞추고, 전통적 알고리즘에 대한 소개는 늦추는 것이 바람직하다. 즉, 학생들이 한 번에 한 자리씩 해결하도록 하는 것보다 수의 크기에 집중하도록 하는 것이 장기적으로 봤을 때 더욱 생산적이다. 선행 연구에서는 표준 알고리즘보다 먼저 자신이 개발한 전략들을 사용하는 학생들이 자릿값 개념을 더욱 잘 이해하며, 새로운 상황과 문제에 이전의 지식을 보다 능숙하게 적용할 수 있다고 하였다(Verschaffel, Greer와 De Corte, 2007).

필수 이해 1a

자연수의 덧셈과 뺄셈은 순서대로 세기에 기초한다.

학생들은 한 자리 수를 가지고 그들이 스스로 생각하고 개발한 전략들을 두 자리 수(또는 그 이상)의 덧셈과 뺄셈을 이해하는 데 도움이 되도록 표현해야 한다. 실생활에서 많은 성인들이 학교에서 공식적으로 배운 적이 없는 연산 전략을 사용하는 것과 마찬가지로, 학생들도 특정 과정과 전략을 일반화할 수 있음을 인지하기 시작할 것이다.

학생들이 덧셈, 뺄셈과 관련된 전략을 개발할 때 나타나는 세 가지 전략적 접근이 있다. 이러한 접근은 학생들의 수 감각과 수를 합성하고 분해하는 능력을 근간으로 한다. 이러한 전략은 Verschaffel, Greer와 De Corte(2007)에서 논의된 범주인 '분할(split)', '뛰어 세기(jump)', '상보(compensate)'의 세 가지로 나눌 수 있다.

'분할' 전략은 대체로 자릿값에 의해 수를 분해하고 재합성하는 것을 강조한다. 학생들은 이 접근법을 사용하여 54－32=□를 50－30=20과 4－2=2로 생각하고 답이 22라는 것을 구할 것이다. 이 전략은 구체물인 십진 교구들의 초기 사용과 잘 맞는다.

'뛰어 세기' 전략은 [그림 3.3]의 54－32=□를 통해 설명할 수 있다.

$$54 - 32 = 54 - 10 - 10 - 10 - 1 - 1 = 22$$

분할 전략과 마찬가지로, 뛰어 세기 또한 학생들이 '뛰어 올라가기(덧셈)'나 '뛰어 내려가기(뺄셈)' 접근에서의 덩어리로 묶기(chunking)를 통해 수를 분해하도록 한다.

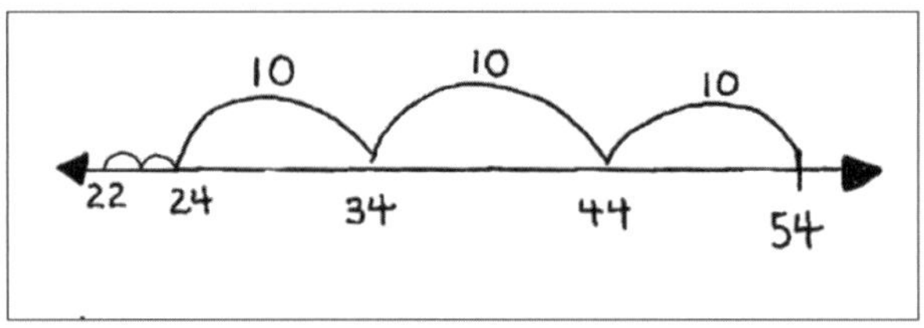

[그림 3.3] 54－32=□를 위한 뛰어 세기 전략의 사용

셋째 접근법은 학생들이 문제를 해결할 때 보다 '친숙한' 수를 생각하고 이를 사용하게 하며, 제1장에서 논의했던 수 구구에서 파생된 전략들을 사용하도록 하는 '상보' 전략이다. 예를 들어, 덧셈 문제 148＋33＝□를 해결하기 위해, 150＋33＝183 덧셈을 한 뒤, 183－2＝181 뺄셈을 할 수 있다.

결과적으로 학생들은 덧셈과 뺄셈을 수행하는 한 가지 방법으로써, 그들의 개념적 이해를 연결하면서 표준 필산 알고리즘을 개발하기 위한 준비를 갖추게 될 것이다. Verschaffel, Greer와 De Corte(2007)에서 논의한 바와 같이, "표준 알고리즘은 그것들을 작용케 하는 중요한 원리를 가리는 경향이 있다(p.590)." 표준 알고리즘을 외우기만 하고 이해하지 못한 학생은 오류를 유발하기 쉬우며 그것을 어떻게 사용하는지 잊곤 한다(Thompson, 1999). 이는 특히 학생들이 수 자체보다는 각 자리의 숫자에 관심을 기울일 때 명시적으로 드러난다(Fuson,

1992). 각 자리의 숫자보다 수에 초점을 맞추는 것은 또한 필수 이해 2c에서 강조한 자릿값과 여러 자리 수의 덧셈과 뺄셈의 관계를 이해하게 해 준다. 예컨대, 60 − 58 = □와 같은 문제에 대해 생각할 때, 자릿값 접근법을 사용하는 학생은 먼저 일의 자리를 살펴보고 나서 십의 자리로 이동하는 알고리즘을 수행하는 반면, 수 자체 접근법을 사용하는 학생은 수에 대해 생각한 뒤 머릿속으로 58과 60 간의 차이가 2라는 것을 '이해하게' 될 것이다.

필수 이해 2c 자릿값 개념은 덧셈과 뺄셈을 용이하게 하기 위해 수를 합성하고 분해하는 편리한 방법을 제공한다.

알고리즘의 사용에는 문화적 차이가 존재하며 학생들은 자신의 선수 지식과 가족의 경험을 반영한 새로운 알고리즘 접근법을 수업에서 보일 수도 있다. 이러한 알고리즘은 그들의 현재 학습에 대한 정보를 제공한다. 예를 들어, 제1장에서 논의했던 오스트리안 방법에 대해 살펴보자. 다른 여러 나라에서 널리 사용되는 뺄셈 알고리즘이며 '똑같이 더하기' 또는 '둘 다 몇 십 더하기' 등으로 잘 알려진 이 방법은 피감수와 감수에 똑같은 양만큼 더하면 둘 사이의 차는 변하지 않는다는 사실에 기초한다. 따라서 43 − 28=□에서 차를 구할 때, '똑같이 더하기'를 사용하는 학생은 머릿속으로 43의 일의 자리에 있는 3에 10을 더하여 일의 자리에서 13을 얻을 것이다. 이렇게 10을 더한 것에 대응하여, 학생은 머릿속으로 감수인 28에 10을 더한 뒤, 38을 뺄 것이다.

교사들에게 '똑같이 더하기' 과정이 익숙하지 않을 수 있기 때문에, 여러분은 그것이 어떻게 성립하는 것인지 경험해 보고자 할 것이다([그림 1.47] 및 그에 관한 설명 참조). 이 접근법은 다른 방법에 비해 뺄셈이나 덧셈, 자릿값을 탐구하는 데 있어서 훌륭한 맥락을 제공할 것이다. 교사가 덧셈과 뺄셈 알고리즘의 문화적 차이를 잘 인지하면, 수업에서 다양한 지식을 보이는 영어 학습자들에게 편안함과 유대감을 느끼게 할 수 있다. 이러한 대안적인 알고리즘은 또한 전통적인 알고리즘을 이해하지 못해 힘들어하는 학생이 더 잘 이해할 수 있는 전략을 제공할 것이다.

07 학습의 증거 평가하기

수학교육 연구자인 Doug Clarke와 그의 동료들은 덧셈과 뺄셈 학습에서 발전 지점을 보여주는 유력한 궤도에 대해 설명하였다. 이러한 궤도는 학생의 기초적 이해 정도를 알아보는 진단 평가를 만드는 데 유용한 틀을 제공한다. 이 팀의 '초기 산술 능력 연구 프로젝트(Early Numeracy Research Project, ENRP)'에서는 [그림 3.4]의 표로 요약되는 6개의 '발전 지점(Clarke, 2001)' 각각을 위한 발달 평가 과제 또는 진단 인터뷰를 제시하였다. 발전 지점은 학생이 한 유형의 전략에서 다른 전략으로 발전하는 것을 보여주는 핵심적인 변화를 표시한다. 이러한 발전 지점은 이 책에서 앞서 설명했던 전략들과 동일하지 않을 수 있다. 예를 들어, 학생이 '모두 세기' 전략으로부터 '세어 가기' 전략으로 이동하면 '세어 가기' 발전 지점에 도달했다고 할 수 있다.

발전 지점	설명
모두 세기(두 집합)	두 집합을 총합을 구하기 위해 모두 세기를 한다.
세어 가기	두 집합의 총합을 구하기 위해 한 수에서부터 세어 가기를 한다.
거꾸로 세기, 세어 내려가기, ~에서부터 세어 올라가기	뺄셈 상황이 주어졌을 때, 거꾸로 세기, 세어 내려가기, ~로부터 세어 올라가기를 포함하는 전략들 중 적절한 것을 선택한다.
기본 전략들(두 배 이용하기, 교환법칙, 10 더하기, 몇 십 구구, 그 밖의 구구들)	덧셈과 뺄셈 문제가 주어졌을 때, 두 배 이용, 교환법칙, 10 더하기, 몇 십 구구, 그 밖에 알고 있는 구구와 같은 전략들을 이용한다.
파생된 전략들(거의 두 배, 9 더하기, 10에 가까운 수 만들기, 구구족, 직관적 전략들)	덧셈과 뺄셈 문제가 주어졌을 때, 거의 두 배, 9 더하기, 10에 가까운 수 만들기, 구구족, 직관적 전략들을 이용한다.
기본 전략, 파생된 전략, 직관적 전략들을 사용하여 덧셈과 뺄셈을 확장하고 응용하기	(여러 자리 수에 관한 문제를 포함하여) 다양한 과제가 주어졌을 때, 적절한 전략을 사용하고 핵심 개념을 분명하게 이해하여 그 문제를 머릿속으로 해결한다.

[그림 3.4] **덧셈과 뺄셈 전략 범위에서 6가지 핵심 발전 지점**(Clarke, 2001, p.213)**에 대한 요약**

이러한 발전 지점은 제1장에서 논의한 수학 내용에 적용된다. 진단 인터뷰는 학생들이 이 궤도에서 진전을 보이고 있는지 평가하는 도구이다. 이러한 도구는 학생들이 기본적인 구구를 넘어서 자릿값 개념과 덧셈, 뺄셈에 대해 생각할 때 그들의 지식과 사고를 알 수 있게 한다.

진단 인터뷰는 또한 보다 정교한 이해를 가능하게 한다. 예를 들어, Ross(2002)는 전형적인 진단 인터뷰에서 자릿값을 중심으로 학생들의 '1로서의 10' 개념에 대한 이해를 조사하였다.

> 36개의 셈돌을 제공한 뒤, 학생들에게 셈돌들을 세고 해당하는 수를 적으라고 한다. 그들이 36을 쓰면, 인터뷰 진행자는 숫자 6에 ○를 하고 "네가 적은 36에서 이 부분과 관련이 있는 셈돌은 몇 개니?"라고 묻는다. 이어서 숫자 3에 ○를 하고 다시 질문을 반복한다.

진단 인터뷰는 학생들의 이해를 순간적으로 포착할 수 있다. 연구자는 셈돌 6개, 이어서 셈돌 3개를 집어 드는 것부터 10씩 3으로서의 3과 6개의 낱개로서의 6을 충분히 이해하는 것까지의 전체적인 범위에서 학생들이 어느 지점에 해당하는 수행을 보이는지를 통해 그들의 지식을 평가한다. 학생들이 능숙하게 더하거나 뺄 수 있는지를 알기 위해서, 특히 다시 묶기와 관련된 경우에는 그 수의 각 자릿값에 대해 충분히 이해하고 있는지 설명하도록 한다. Ross의 연구에서, 많은 학생들이 십의 자리에 있는 숫자를 30으로 충분히 이해하지 못한 것으로 드러났다. 이러한 이해가 부족한 한 학생은 덧셈과 뺄셈을 성공적이고 의미 있게 수행할 수 있는 가능성도 거의 보이지 못했다.

또 다른 진단 인터뷰는 교사가 학생에게 덧셈과 뺄셈을 풀도록 요구할 때 이루어지며, 문제를 해결하면서 학생이 무슨 생각을 했는지에 대해 이야기를 나누게 된다. 예컨대, 교사는 "99

와 145를 더해 보자."라고 말할 것이다. 다양한 수행이 결과로 도출될 것이다. 일부 어린 학생들은 이 수들을 나란히 열을 지어 적으려고 할 것이다. (어떤 학생들은 잘못해서 145의 14 위에 99를 적기도 할 것이다.) 반면, 고학년이나 보다 학업 능력이 우수한 학생들은 99를 100이라고 생각하고 145에서 100만큼 뛰어 세어 더한 뒤, 마지막으로 1을 뺄 것이다. 이 마지막 사례에서 볼 수 있는 학생 사고의 증거는 필수 이해 2a와 관련하여 이전에 논의했던 파생된 구구에 대한 연구와 연계된다.

> **필수 이해 2a**
> 자연수의 덧셈에 대한 교환법칙과 결합법칙은 계산을 능숙하게 하도록 한다.

진단 인터뷰 사용에 있어서 흥미로운 측면 중 하나는 학생들이 교사와 그들의 개인적인 생각을 공유하고 논의하면서 수학에 있어서 발전하는 긍정적 변화를 보인다는 것이다(Clarke, 2000). 학생들이 그들의 사고를 되돌아볼 때, 그들의 전략 사용에 대한 스스로의 자각이 보다 강화된다. 이는 학생들로 하여금 표현에 대한 자신감을 갖게 하며 그들의 노력과 사고가 학습 과정에서 매우 가치 있다는 것을 신뢰하도록 해 준다. 인터뷰는 또한 교사들에게 학생의 강점과 약점에 대한 정확한 증거를 제공하며 이러한 정보는 수업을 설계하고 모든 학습자들을 지원하는 것을 도와준다.

08 뺄셈은 덧셈보다 어려울까?

뺄셈이 덧셈보다 어려운지에 대해 조사한 연구자들은 "그렇다"라고 대답한다(Baroody, 1984; Fuson, 1984). 문제 $9+3=\square$를 살펴보자. 9 다음에 3만큼 더 이어 세면 10, 11, 12가 된다. 이러한 과정은 시각적 표시로서 9개의 물건을 놓고 3개만큼 더 놓는 활동과 대응시킬 수 있다. 이 방법은 학생들이 사용하는 구체물, 반구체물(손가락이나 막대 표시의 확장), 구술 방법으로도 적용된다. 뺄셈의 경우는 조금 다르다. 이 경우의 언어적 해결 방법은 특정 수까지 '세어 내려가기', 특정 수에서부터 '세어 내려가기', 특정 수까지 '세어 올라가기'로 표현될 수 있다

(Fuson, 1984). 우선, 12 − 4 = □와 같은 문제에서 일반적 구체물 모델은 물건 12개를 놓고 4개를 제거한 뒤 남은 물건을 다시 세는 것으로 표현됨에 주목해야 한다. 이 모델은 특정 수까지 '세어 내려가기', 특정 수에서부터 '세어 내려가기', 특정 수까지 '세어 올라가기'의 3가지 방법들과 일치하지 않는다. 학생들이 언어적 해결 접근법을 사용할 때, 그들은 문제에서의 첫째 수에서 시작하여 세어 내려갈지 또는 그것보다 하나 작은 수에서부터 시작할지도 결정해야 한다. 예를 들어, 12 − 4 = □의 경우 학생들은 "11, 10, 9, 8이고 정답은 8이다."와 같이 특정 수에서부터 '세어 내려가기'를 표현함에도 불구하고 "12, 11, 10, 9이고 정답은 8이다."라고 특정 수까지 '세어 내려가기'를 말로 표현할 수도 있다. 학생들이 뜻하지 않게 이러한 접근법 사이를 왔다 갔다 하고 답에 대해 혼동을 느낄 수 있기 때문에 이러한 차이는 중요하다. 이는 수직선을 처음 사용할 때 수가 표시된 점과 길이 단위를 헷갈려 할 때 발생하는 혼동과 동일하다. (Dougherty와 동료들(2010)은 단위, 세기, 측정, 수에 대한 논의에서 그릇된 이해를 한 학생들은 점들 간의 공간 대신에 점의 개수를 센다고 하였다.) 실제로, Fuson은 학생들이 특정 수까지 '세어 올라가기' 접근을 통해 도움을 받을 수 있다고 제안하고 있다. 왜냐하면 이 전략은 이후에도 지속적으로 적용이 가능하고 뺄셈 상황에서 '덧셈을 생각하기' 때문이다. 또한, 특정 수까지 '세어 올라가기' 접근법은 암기를 어려워하는 학생이나 거꾸로 세기에 있어서 언어적으로 어려움은 지니는 일부 영어 학습자들에게도 유용하다. 뿐만 아니라 뺄셈은 학생들에게 그들이 지닌 합에 대한 지식으로부터 차를 계산하도록 하고, 일부 학생들에게는 뺄셈을 두 부분의 과정으로 세분화하여 생각하도록 하기 때문에 더 어렵다고 할 수 있다. 예를 들어, 15 − 7 = □를 구할 때, 첫째 부분은 7 + 8 = 15라는 관련 덧셈 문제를 확인하는 것이고, 둘째 부분은 정답 8을 구하기 위한 정보를 사용하는 부분이다.

09 결론

이 장에서는 덧셈과 뺄셈이 표현되는 여러 방식과 다양한 유형의 문제 해결에 관한 교수학적 고찰에 대해 조사하였다. 덧셈과 뺄셈에 능숙해지는 것은 (그리고 UCARE 5가지 요소 모두에서 능력을 신장시키는 것은) 문장제 해석 시 유의미하게 접근하기, 여러 가지 방식으로 식 세우기, 다양한 방법으로 덧셈이나 뺄셈 문제 해결하기, 구체물 표현과 추상적 개념을 연결하는 수많은 기회들에 초점을 두는 학습 환경을 요구한다. 뿐만 아니라 수학 수업 중의 사려 깊은 대화를 통해 학생의 이해에 대한 증거에 주의를 기울여 들음으로써 교사는 학생들의 오류를 진단하고, 그들의 강점을 파악하며, 그들이 더 잘 할 수 있도록 도울 수 있다.

이 책의 제1장, 제2장, 제3장은 교사가 덧셈과 뺄셈에 대한 이해를 깊게 하고 그러한 이해를 바탕으로 학생들에게 매력적인 학습 경험을 제공하도록 돕는 자료들을 제공한다. 1학년과 2학년 학생들은 단 하나의 알고리즘이나 특정 모델만을 사용하여 덧셈을 잘 할 수도 있다. 만약 교사가 이 책에서 단 하나의 아이디어만을 취해야 한다면, 그것은 덧셈과 뺄셈 문제를 해결하기 위한 다양한 모델과 여러 가지 전략들(알고리즘들)의 사용에 학생들을 참여시키는 것이 매우 필수적이라는 것이다. 그렇게 함으로써 교사는 학생들이 덧셈과 뺄셈에 대하여 보다 깊이 이해하고 후속 학습 주제들의 성공적 수행에 대한 준비와 앞으로의 수학 전반에 대한 능력을 갖추도록 지도할 수 있을 것이다.

참고문헌

Barnett-Clarke, Carne, William Fisher, Rick Marks, and Sharon Ross. *Developing Essential Understanding of Rational Numbers for Teaching Mathematics in Grades 3–5.* Essential Understanding Series. Reston, Va.: National Council of Teachers of Mathematics, 2010.

Baroody, Arthur J. "Children's Difficulties in Subtraction: Some Causes and Questions." *Journal for Research in Mathematics Education* 15 (May 1984): 203–13.

Carpenter, Thomas P. "Learning to Add and Subtract: An Exercise in Problem Solving." In *Teaching and Learning Mathematical Problem Solving: Multiple Research Perspectives*, edited by Edward A. Silver, pp. 17–40. Hillsdale, N.J.: Lawrence Erlbaum Associates, 1985.

Carpenter, Thomas P., and James M. Moser. "The Development of Addition and Subtraction Concepts." In *Acquisition of Mathematics Concepts and Processes*, edited by Richard Lesh and Marsha Landau, pp. 7–44. New York: Academic Press, 1983.

Carpenter, Thomas P., Megan Loef Franke, and Linda Levi. *Thinking Mathematically: Integrating Arithmetic and Algebra in Elementary School.* Portsmouth, N.H.: Heinemann, 2003.

Clarke, Doug. "Understanding, Assessing and Developing Young Children's Mathematical Thinking: Research as a Powerful Tool for Professional Growth." In *Numeracy and Beyond: Proceedings of the 24th Annual Conference of the Mathematics Education Research Group of Australasia* (MERGA), vol. 1, edited by Janette Bobis, Bob Perry, and Michael Mitchelmore, pp. 9–26. Sydney: MERGA, 2001.

Clarke, Doug M., Anne Roche, and Annie Mitchell. "Ten Practical Tips for Making Fractions Come Alive and Make Sense." *Mathematics Teaching in the Middle School* 13 (March 2008): 373–80.

Common Core State Standards Initiative. *Common Core State Standards for Mathematics. Common Core State Standards (College- and Career-Readiness Standards and K–12 Standards in English Language Arts and Math).* Washington, D.C.: National Governors Association Center for Best Practices and the Council of Chief State School Officers, 2010. http://www.corestandards.org.

Dougherty, Barbara J., Alfinio Flores, Everett Louis, and Catherine Sophian. *Developing Essential Understanding of Number and Numeration for Teaching Mathematics in Prekindergarten–Grade 2*. Essential Understanding Series. Reston, Va.: National Council of Teachers of Mathematics, 2010.

Fuchs, Lynn S., Douglas Fuchs, Caitlin Craddock, Kurstin N. Hollenbeck, and Carol L. Hamlett. "Effects of Small-Group Tutoring with and without Validated Classroom Instruction on At-Risk Students' Math Problem Solving: Are Two Tiers of Prevention Better than One?" *Journal of Educational Psychology* 100 (November 2008): 491–509.

Fuchs, Lynn S., Douglas Fuchs, Robin Finelli, Susan J. Courey, and Carol L. Hamlett. "Expanding Schema-Based Transfer Instruction to Help Third Graders Solve Real-Life Mathematical Problems." *American Educational Research Journal* 41 (Summer 2004): 419–45.

Fuson, Karen. "More Complexities in Subtraction." *Journal for Research in Mathematics Education* 15 (May 1984): 214–25.

———. "Research on Whole Number Addition and Subtraction." In *Handbook of Research on Mathematics Teaching and Learning*, a project of the National Council of Teachers of Mathematics, edited by Douglas A. Grouws, pp. 243–75. New York: Macmillan, 1992.

Heddens, James. *Today's Mathematics: A Guide to Concepts and Methods in Elementary School Mathematics*. Chicago: Science Research Associates, 1964.

Kamii, Constance, and Ann Dominick. "The Harmful Effects of Algorithms in Grades 1–4." In *The Teaching and Learning of Algorithms in School Mathematics*, 1998 Yearbook of the National Council of Teachers of Mathematics (NCTM), edited by Lorna J. Morrow, pp. 130–40. Reston, Va.: NCTM, 1998.

Kenney, Joan M., Euthecia Hancewicz, Loretta Heuer, Diana Metsisto, and Cynthia L. Tuttle. *Literacy Strategies for Improving Mathematics Instruction*. Alexandria, Va.: Association for Supervision and Curriculum Development (ASCD), 2005.

Kilpatrick, Jeremy, Jane Swafford, and Bradford Findell, eds. *Adding It Up: Helping Children Learn Mathematics*. Washington, D.C.: National Academy Press, 2001.

Lamon, Susan J. *Teaching Fractions and Ratios for Understanding*. London and Mahwah, New Jersey: Lawrence Erlbaum Associates, 1999.

Leinhardt, Gaea, Ralph T. Putnam, Mary Kay Stein, and Juliet Baxter. "Where Subject Knowledge Matters." In *Advances in Research on Teaching*, vol. 2, edited by Jere Brophy, pp. 87–113. Greenwich, Conn.: JAI Press, 1991.

Lochhead, Jack, and Jose Mestre. "From Words to Algebra: Mending Misconceptions." In *The Ideas of Algebra, K–12*, 1988 Yearbook of the National Council of Teachers of Mathematics (NCTM), edited by Arthur F. Coxford, pp. 127–35. Reston, Va.: NCTM, 1988.

Ma, Liping. *Knowing and Teaching Elementary Mathematics: Teachers' Understanding of Fundamental Mathematics in China and the United States*. Mahwah, N.J.: Lawrence Erlbaum Associates, 1999.

Mack, Nancy K. "Confounding Whole-Number and Fraction Concepts When Building on Informal Knowledge." *Journal of Research in Mathematics Education* 26 (November 1995): 422–41.

McNeil, Nicole M., and Martha W. Alibali. "Knowledge Change as a Function of Mathematics Experience: All Contexts Are Not Created Equal." *Journal of Cognition and Development* 6 (January 2005): 285–306.

National Council of Teachers of Mathematics (NCTM). *Principles and Standards for School Mathematics*. Reston, Va.: NCTM, 2000.

———. *Curriculum Focal Points for Prekindergarten through Grade 8 Mathematics: A Quest for Coherence*. Reston, Va.: NCTM, 2006.

———. *Focus in High School Mathematics: Reasoning and Sense Making*. Reston, Va.: NCTM, 2009.

National Research Council. *Helping Children Learn Mathematics*. Mathematics Learning Study Committee, Jeremy Kilpatrick and Jane Swafford, eds. Center for Education, Division of Behavioral and Social Sciences and Education. Washington, D.C.: National Academy Press, 2002.

———. *Mathematics Learning in Early Childhood: Paths toward Excellence and Equity*. Committee on Early Childhood Mathematics, Christopher T. Cross, Taniesha A. Woods, and Heidi Schweingruber, eds. Center for Education, Division of Behavioral and Social Sciences and Education. Washington, D.C.: National Academies Press, 2009.

Otto, Albert Dean, Janet Caldwell, Cheryl Ann Lubinski, and Sarah Wallus Hancock. *Developing Essential Understanding of Multiplication and Division for Teaching Mathematics in Grades 3–5*. Essential Understanding Series. Reston, Va.: National Council of Teachers of Mathematics, 2011.

Piaget, Jean. *The Child's Conception of the World.* London: Routledge and Kegan Paul, 1928.

RAND Mathematics Study Panel. *Mathematical Proficiency for All Students: Toward a Strategic Research and Development Program in Mathematics Education.* Santa Monica, Calif.: RAND Corporation, 2003.

Ross, Sharon R. "Place Value: Problem Solving and Written Assessment." *Teaching Children Mathematics* 8 (March 2002): 419–25.

Ross, Susan C., and Mary Pratt-Cotter. "Subtraction from a Historical Perspective." *School Science and Mathematics* 99 (November 1999): 389–93.

Schifter, Deborah, Virginia Bastable, and Susan Jo Russell. *Building a System of Tens Casebook.* Developing Mathematical Ideas: Number and Operations, Part 1. Parsippany, N.J.: Dale Seymour Publications, 1999.

Seo, Kyoung-Hye, and Herbert P. Ginsburg. "'You've Got to Carefully Read the Math Sentence...': Classroom Context and Children's Interpretations of the Equals Sign." In *The Development of Arithmetic Concepts and Skills: Constructing Adaptive Expertise*, edited by Arthur J. Baroody and Ann Dowker, pp. 161–87. Mahwah, N.J.: Lawrence Erlbaum Associates, 2003.

Siebert, Daniel, and Nicole Gaskin. "Creating, Naming, and Justifying Fractions." *Teaching Children Mathematics* 12 (April 2006): 394–400.

Smith, John P., III. "Competent Reasoning with Rational Numbers." *Cognition and Instruction* 13 (March 1995): 3–50.

Starkey, Prentice, and Rochel Gelman. "The Development of Addition and Subtraction Abilities Prior to Formal Schooling in Arithmetic." In *Addition and Subtraction: A Cognitive Perspective*, edited by Thomas P. Carpenter, James M. Moser, and Thomas A. Romberg, pp. 99-116. Hillsdale, N.J.: Lawrence Erlbaum Associates, 1982.

Thompson, Ian. "Getting Your Head around Mental Calculation." In *Issues in Teaching Numeracy in Primary Schools*, edited by Ian Thompson, pp. 145–56. Buckingham, UK: Open University Press, 1999.

Van de Walle, John A., Karen S. Karp, Jennifer M. Bay-Williams. *Elementary and Middle School Mathematics: Teaching Developmentally.* 7th ed. New York: Allyn and Bacon, 2010.

Verschaffel, Lieven, Brian Greer, and Erik De Corte. "Whole Number Concepts and Operations." In *Second Handbook of Research on Mathematics Teaching and Learning*, edited by Frank K. Lester, pp. 557–628. Charlotte, N.C.: Information Age; Reston, Va.: National Council of Teachers of Mathematics, 2007.

Witzel, Bradley, Cecil D. Mercer, and David M. Miller. "Teaching Algebra to Students with Learning Difficulties: An Investigation of an Explicit Instruction Model." *Learning Disabilities Research and Practice* 18 (May 2003): 121–31.

Xin, Yan Ping, Asha K. Jitendra, and Andria Deatline-Buchman. "Effects of Mathematical Word Problem-Solving Instruction on Middle School Students with Learning Problems." *Journal of Special Education* 39 (Fall 2005): 181–92.

Yackel, Erna. "A Foundation for Algebraic Reasoning in the Early Grades." *Teaching Children Mathematics* 3 (February 1997): 276-80.

장혜원

• 서울대학교 대학원 수학교육학 박사
• 서울교육대학교 교수

이화영

• 건국대학교 대학원 수학교육학 박사
• 한국과학창의재단 연구원

임미인

• 서울교육대학교 교육전문대학원 박사학위과정
• 서울오류초등학교 교사

수학교사를 위한 지침서 07

덧셈과 뺄셈의 필수 이해

2016년 10월 20일 초판 인쇄
2016년 10월 25일 초판 발행

저 자 Janet H. Caldwell, Karen Karp,
Jennifer M. Bay-Williams
역 자 장혜원, 이화영, 임미인
발행자 오판근
발행처 교우사

주 소 서울특별시 동대문구 약령시로 8 교우빌딩 2층
전 화 925-2861~2, 편집부 / 925-2825, 홈쇼핑 / 969-5762
팩 스 925-2860

E-mail kyowoo@kyowoo.co.kr
홈페이지 http://www.kyowoo.co.kr
북스토어(쇼핑몰) http://www.kyowoo.co.kr

등 록 1994. 3. 24 제6-0256호

ISBN 979-11-251-0174-1(94410)
979-11-251-0167-3(세트)
값 10,000원